炫色佳人系列

天然面膜DIY

采薇 编著

中国农业大学出版社

图书在版编目(CIP)数据

天然面膜DIY/采薇编著.—北京:中国农业大学出版社,2008.6
(炫色佳人系列)
ISBN 978-7-81117-472-4

Ⅰ.天… Ⅱ.采… Ⅲ.面-美容-基本知识 Ⅳ.TS974.1

中国版本图书馆CIP数据核字(2008)第054356号

书　　名 天然面膜DIY
作　　者 采　薇　编著

策划编辑	六睿工社·张　蕊　陆　强	**责任编辑**	韩元凤
装帧设计	采薇书坊	**责任校对**	陈　莹
出版发行	中国农业大学出版社		
社　　址	北京市海淀区圆明园西路2号	**邮政编码**	100193
电　　话	发行部 010-62731190,2620	读者服务部	010-62732336
	编辑部 010-62732617,2618	出　版　部	010-62733440
网　　址	http://www.cau.edu.cn/caup	**E-mail**	caup@public.bta.net.cn
经　　销	新华书店		
印　　刷	北京鑫丰华彩印有限公司		
版　　次	2008年6月第1版　2009年6月第3次印刷		
规　　格	787×1 092　16开本　8印张　199千字		
定　　价	28.00元		

图书如有质量问题,本社发行部负责调换

Contents 目录

Chapter 1

美丽有“膜”法

Chapter 2

清洁、抗痘、去角质面膜

Contents

Chapter 3

美白、祛斑、防晒面膜

目录

Chapter 4

保湿、深层滋养面膜

Chapter 5

除皱面膜

目录

Chapter 6

保养眼膜

Chapter 7

改善气色面膜

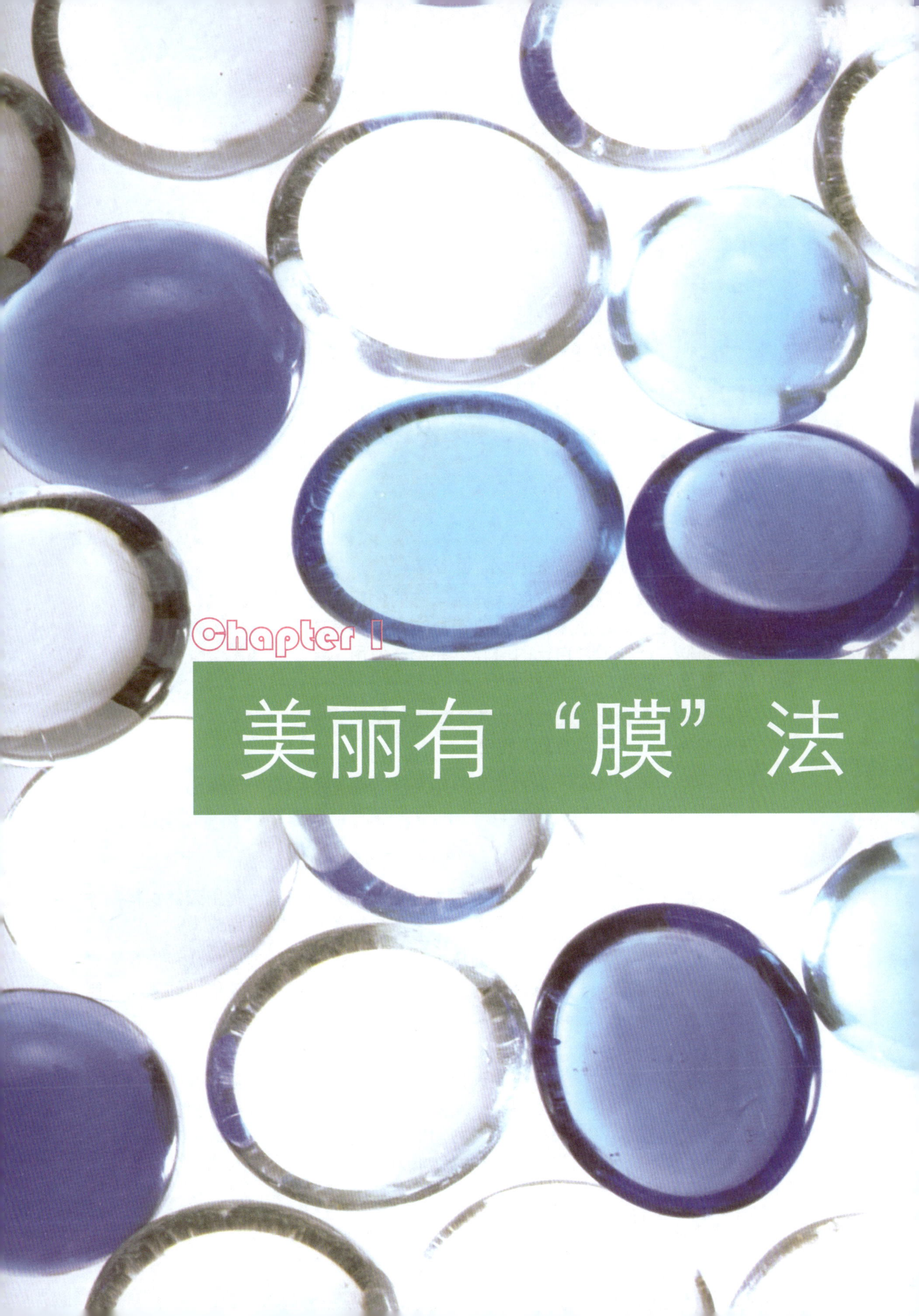

Chapter 1

美丽有“膜”法

为什么要自己做面膜?

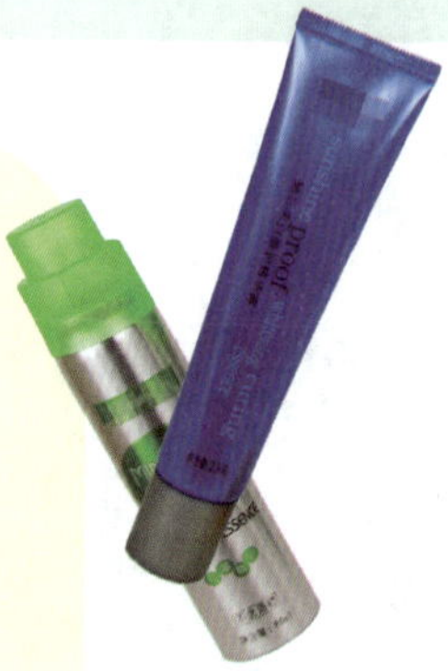

面膜与其他护肤品相比有什么好处?

面膜是一种敷在脸上的皮肤保养品，它的作用是使皮肤与外界隔绝，促进血液循环，快速补充营养，有效修护受损肌肤。选择适合自己的面膜，并经常使用，会让你的肌肤更加光洁柔嫩、白皙动人。

与其他护肤品相比，面膜的功效更是立竿见影。因此，快速与强力成了面膜的最大特色。

什么是自制天然面膜?

自制天然面膜是一种方便简单、利用天然材料制作的皮肤保养品，一般居家条件下即可完成。

自制面膜一般有两种形式：一种是膏状或泥状，可以直接涂抹在脸上；另一种是水状或较稍稠的液状，制成后可将现成的面膜纸投入其中，完全浸泡后取出，敷于脸上。

自制天然面膜的最大魅力就是安全、有效、经济。美容并不一定是一件奢侈的事情，其实，我们的周围随处都有可以利用的天然材料，便宜、环保、乐趣多多，学会调配和制作的方法，做个美丽达人就这么简单！

市售面膜 自制天然面膜 大PK

市售面膜		自制天然面膜
●●○○○	安全性	●●●●●
香精、防腐剂、重金属等问题时有所闻		天然材料，绿色健康，不含任何添加剂
○○○○○	经济性	●●●●●
价格就一个字“贵”，长期使用不合算		材料价格便宜，省钱不是一点点，太值了
●●●●●	方便性	●●○○○
打开即用，对没有时间的人来说是唯一优点		材料方便易购，但制作稍嫌麻烦
●●●○○	有效性	●●●●●
是否真材实料，不得而知，有效成分低		真材实料，有效成分高，所以功效更显著
●○○○○	随意性	●●●●●
可选择的品种有限，无法自由搭配		随意组合搭配，变化多多，充满创新的乐趣
●●○○○	针对性	●●●●●
每个人的皮肤需求都不同，很难适合所有人		根据自己肤质和季节调配，更有针对性

P K 结 果

［ 自制天然面膜 全面胜出！ ］

自制面膜的种类与功效

清洁、抗痘、去角质面膜

深层清洁、控油、调整肌肤的水油平衡对于油性皮肤的人来讲至关重要，它可以起到一定的抗痘作用。去角质是深层清洁的一部分，它能促进血液循环，起到去除老废死皮、软化皮肤、细致毛孔的作用。

美白、祛斑、防晒面膜

这类面膜可以白净肌肤，淡化黑色素，消退雀斑、色斑等瑕疵，使面部肌肤更完美无暇。对于日晒引发的皮肤粗燥、暗黑或发红、脱皮等现象有一定的预防、修复与舒缓作用。

保湿、深层滋养面膜

水分流失是肌肤老化的重要原因，保湿面膜可以及时补充水分，并提高肌肤的锁水能力。而深层滋养面膜则给皮肤提供天然的维生素、油脂、矿物质、蛋白质等营养物质，让皮肤“吃到饱”，增加弹性与活力。

除皱面膜

此类面膜多采用具有胶质和润滑性质的材料来制作，有一定的黏稠性和延展性，能紧致肌肤、平整面部肌肉、抚平细小皱纹，对于较大的皱纹能起到一定的淡化作用。

保养眼膜

眼部保养是面部护理的重中之重，因此，我们把它单列出来。眼膜护理可以改善眼部浮肿、松弛、黑眼圈、眼袋等现象，预防和淡化眼周的细小皱纹，使眼睛显得更明亮、更有神。

改善气色面膜

美丽的肌肤不仅是白净，而且应该是红润有光泽的。面色黝黑、暗黄、苍白、疲惫都是不良气色的表现。此类面膜可以帮助你改善面部血液循环，补充相应的营养，提亮肤色，增加光泽与红润，更加光彩照人。

面膜的种类和功效很多，因此，选择适合自己皮肤需要的面膜显得非常重要，否则，护肤不成，反而变成了“毁肤”！

自制面膜的主要工具

多功能果汁机

配备有多套规格和形状的刀头，有榨汁、研磨、搅拌等多种功能。可以用来打碎材料或榨汁，是制作面膜最方便实用的工具。最好选择带有过滤网的品种，制作时省去很多麻烦。

如果没有，也可以选择单一功能的食物搅拌机或榨汁机，再搭配滤网。

以上都没有的时候，只好选择直接用纱布包手挤了，这样会比较费事。

小锅

一般用不锈钢带把牛奶锅，用于搅拌量多的面膜粉，或将材料煮软煮烂。

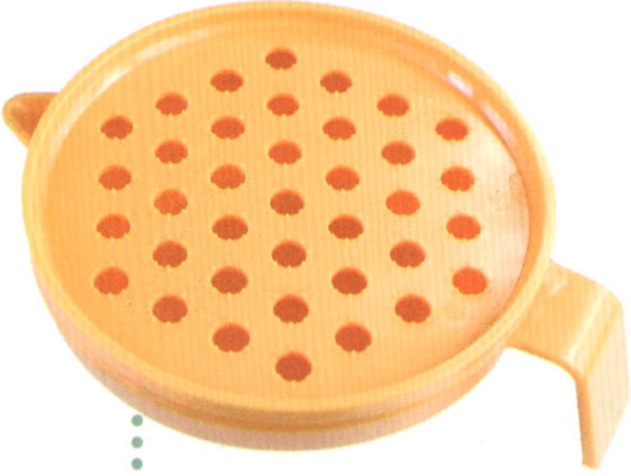

研磨碗

可将黄瓜、丝瓜、马铃薯等材料研磨成泥。适合制作泥膏状的面膜。

空瓶罐

用来盛装制得的面膜保养品，保留一些用完的护肤品瓶罐最简单经济。

汤匙、量杯

汤匙分大匙与小匙，1大匙=15毫升，1小匙=5毫升。汤匙和量杯用来准确计量材料的多少。

调皿、搅拌棒

调皿要大小适中才容易搅拌均匀。搅拌器可用筷子、勺和抹刀代替。

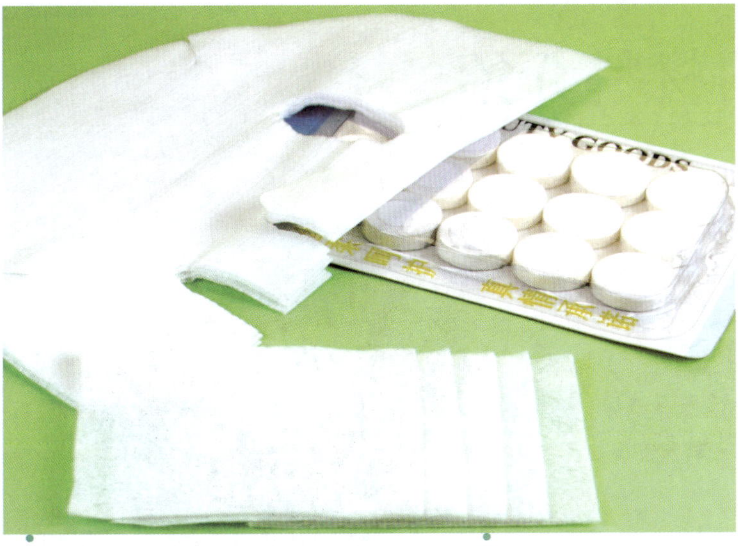

面膜纸

有片状和压缩两种，压缩面膜纸更方便使用和携带。

化妆棉

方片、圆片均可，用于沾取水状的面膜敷脸，或作为眼膜直接敷在眼睛上。擦洗脸部残留面膜时也可以使用。

小刷子、棉签

用来沾取制成的面膜，涂于脸上。如果没有，也可以用包饺子馅的小抹刀或冰棒棍代替。

毛巾

用于清洗面部，需要热敷时也用得着。

纱布、滤网

纱布除了起过滤作用外，还可以包裹材料直接涂于面部，温和又清洁。

滤网可用过滤中药渣的滤网代替，可过滤较纯的面膜汁液。

自制面膜的材料介绍

蔬菜

蔬菜价格便宜，购买方便，富含大量维生素、矿物质，含水量大，有很好的润泽性，常用来做深层清洁、保湿、滋养面膜。

制作面膜常用的蔬菜有黄瓜、丝瓜、胡萝卜、番茄、土豆、苦瓜、冬瓜、芦荟等。

水果

水果的使用更加普遍。水果含有大量维生素、矿物质及糖分，水分充足，还含有一定量的果酸，可以软化皮肤、补足水分，使肌肤光滑细嫩、白里透红，润泽健康，从内而外散发光彩。

制作面膜常用的水果有苹果、香蕉、西瓜、草莓、猕猴桃、橘子、梨、桃、木瓜、柠檬等。

牛奶及奶制品

牛奶及奶制品是滋润和美白的佳品，常用的有鲜牛奶、酸奶、乳酪、炼乳、奶粉等。

鸡蛋

鸡蛋的蛋清和蛋黄分别使用。一般蛋清用于调和面膜，可用于清洁、紧致肌肤，而蛋黄营养丰富，润泽性更好，常用于深层滋养和祛皱。

调味料

调味料是面膜的最佳拍档，除了用于调和不同的面膜、缓解刺激以外，它们自身的效果也相当好！

制作面膜常用的调味料有蜂蜜、红糖、白糖、粗盐、醋、沙拉酱、番茄酱、姜汁、蒜汁等。

豆类及豆制品

豆类也是面膜的一大来源，如红豆、绿豆、黄豆、黑豆，都是很好的面膜材料。一般用搅拌机打成粉使用，也可选择市场上现成的各种豆粉。黄豆制品——豆腐和豆浆使用起来就更方便了。

干果谷物

干果谷物类材料含有丰富的脂肪、维生素和矿物质，润泽性良好，适宜用来调配去角质及滋养面膜。

制作面膜常用的干果谷物类有面粉、杏仁、燕麦、玉米、芝麻、核桃等。这些一般都打成粉后使用，也可以在市场上买到现成的各种粉，制作起来方便许多。面粉有增白肤色、减轻皱纹的作用，也常用来搭配其他材料。

中药材

中药材在面膜中起到了画龙点睛的作用，只需少量，功效立现。

自制面膜常用的中药材有珍珠粉、薏米、金银花、白芷、茯苓、莲子、当归、半夏、白果、百合、桃仁等。

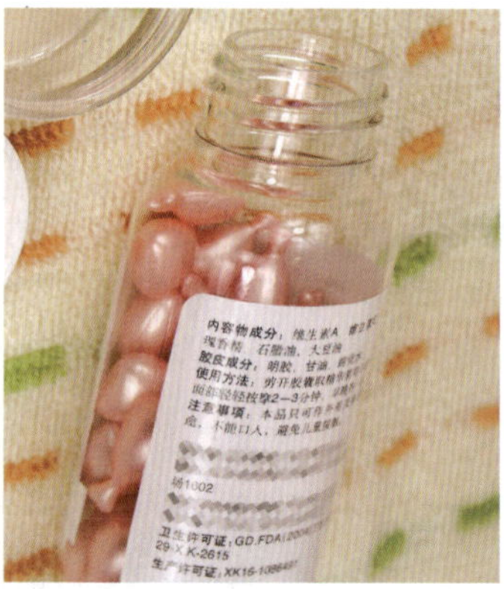

维生素

自制面膜中常用的维生素有维生素E和维生素C。维生素E可以润泽肌肤，防皱抗衰，可以用市售的胶囊，使用时用针尖扎破，挤出油即可。维生素C可以抗氧化，美白肌肤，多使用维生素C泡腾片泡水，浸泡面膜纸之后敷脸。

橄榄油、甘油

油类具有良好的滋润性，可以抚平皱纹，为肌肤提供深层滋养，也是调和其他材料的最佳拍档。

橄榄油一般用于抗皱和深层滋养面膜，甘油润而不腻，性质非常温和，特别适合过敏性肌肤。甘油也可以用婴儿油来代替，效果同样不错。

芳香精油

芳香精油是从花草中提炼而成的物质，是天然花草芳香成分的精华，只需1～2滴，就可以起到缓解疲劳、放松神经的作用，是舒缓镇静的良药。

经常使用的精油有玫瑰精油、薰衣草精油、柠檬精油等。这些精油可以在花草茶专柜或精油专柜买到，通常是小瓶装，还有散装的按毫升出售。价格都比较高，是高档的面膜材料。

花卉

花卉特有的芳香物质可以起到杀菌消炎、镇静舒缓、提高肌肤抵抗力的作用，通常泡水后取汁液调配面膜。

自制面膜常用的花卉有菊花、玫瑰花、薰衣草、茉莉花、洋甘菊等。

酒类

含酒精的材料可以起到收缩毛孔、消炎杀菌、控油、营养的作用。常用的有红葡萄酒、米酒、黄酒、白酒、醪糟（酒酿）、啤酒等。

茶

茶可以清凉去热，镇静肌肤，消炎除痘，淡化斑点，修复晒后受损肌肤。

茶通常有两种用法：一种是将泡过的茶包直接敷在脸上或眼部，另一种是取泡茶的茶水调配面膜。

敷面膜的方法

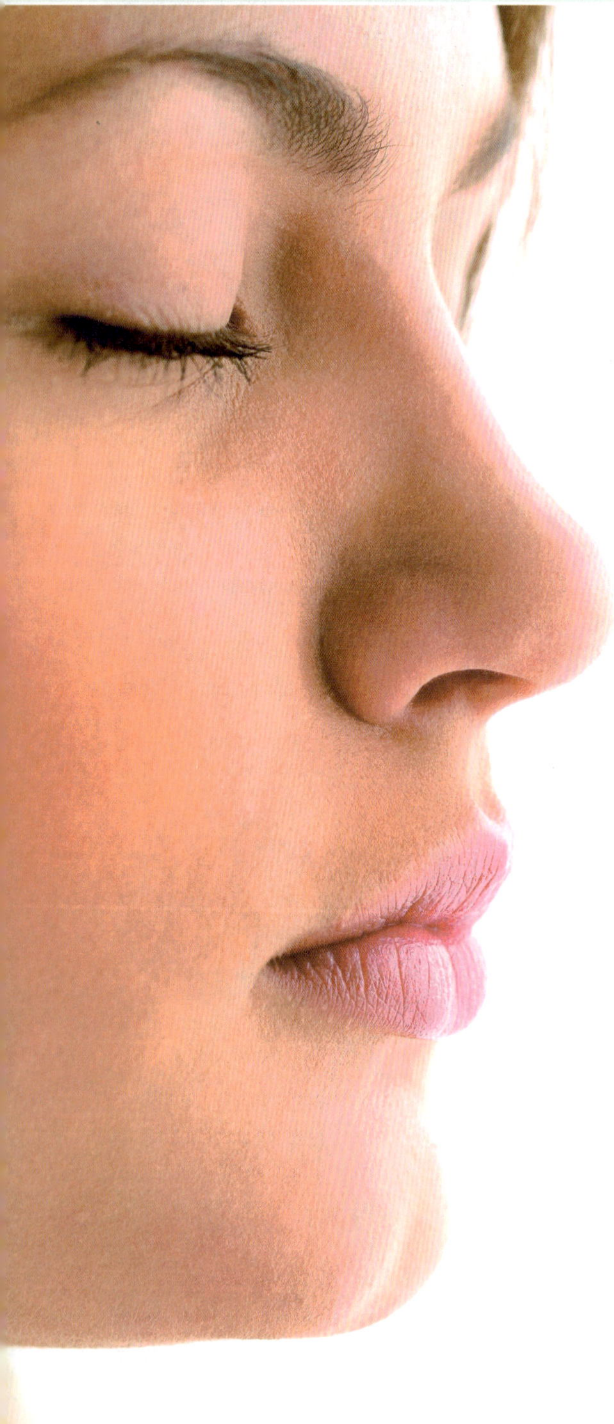

敷面膜程序

清洁面部

1.先将双手洗净，用温水湿润面部。

2.将适量洗面乳倒于手心中，轻揉出泡沫。

3.涂抹于两颊、额头、鼻翼、下巴、脖颈处，由内而外画圈轻揉。

4.以清水冲净泡沫，用干净毛巾轻轻拍干。

敷面膜

自制的敷脸液：将市售的面膜纸浸泡在敷脸液中，至面膜纸完全浸润，取出敷于脸上，露出眼部、鼻孔和口部，轻轻按压，使营养物质与肌肤充分接触，促进吸收。15～20分钟后揭下即可。

自制的膏状面膜：用手取适量，点涂于额头、鼻子、两颊、下巴处，画圈涂抹，要保证有一定厚度且均匀，露出眼部、鼻孔和口部。15～20分钟后擦除，用温水冲净。

清洗

敷完脸后一定要将残留的物质清洗干净。

滋养润肤

最后在脸部涂一层乳霜，可为皮肤提供所需的营养和水分，保持肌肤的光泽与弹性。

1.取适量乳霜点涂于额头、鼻子、两颊、下巴处。

2.以指腹均匀画圈，涂抹于脸部，并由脸部中线轻柔地往外侧按摩至双耳；鼻子部位由上而下按摩，直到乳液被完全吸收。

3.将残留的乳液涂抹在颈部，方向是由下而上。

敷面膜的注意事项

1.敷面前最好用热毛巾拍脸或用热汽蒸脸，使毛孔充分张开，最好稍加按摩，以达到最佳吸收效果。

2.敷面时尽量让面膜贴紧皮肤，减少皮肤和面膜之间的气泡。敷面时最好能安静地坐着或平卧，充分放松，不宜说话、吃东西或大笑，避免过多表情牵动脸部肌肉而产生小皱纹。

3.敷脸后一般要洗净脸部，再涂上滋养乳霜。有些营养类面膜敷完也可不洗脸，让营养成分继续渗透，当晚霜使用，但一定不能不揭面膜过夜。

4.如果皮肤发炎、过敏时，切勿使用面膜敷脸。做面膜前最好先做防过敏试验。

护肤的最佳时间

面膜并不是做得越勤越好，太多的滋养或清洁可能会让你的肌肤吃不消。一般每周做1～2次面膜即可，每次不要超过30分钟。

滋养皮肤的最佳时间是晚上睡觉前，此时敷一个面膜再合适不过了。

敷眼膜的方法

眼部肌肤最为娇嫩，容易产生细纹、眼袋、黑眼圈等而显得衰老，所以要特别重视。敷眼膜是有效的保养方法，方法与敷面膜是一样的。超市里有卖现成的眼膜纸，也可以用化妆棉代替，或者将眼膜材料直接涂抹于眼部。

注意事项：

1.晚上临睡前不要大量饮水，以免次日双眼浮肿。

2.熬夜、不良情绪、吸烟等都会通过眼部皱纹、眼袋、黑眼圈反映出来，一定要避免。

3.眼部肌肤非常娇嫩，不要拉扯或过度按摩眼周，以防皱纹产生。

自制面膜的注意事项

制作时的要求

选择天然材料时，一定要注意新鲜度，不新鲜的材料容易引起皮肤过敏现象。

瓜果蔬菜等材料使用前必须清洗干净，与食用前的清洁程序是一样的，不要认为不入口这一步就可以简化。

需要放入搅拌机打碎或榨汁的材料需先切成小块，这样可以使材料打得更细小、更均匀，敷面效果也更好。

每次制作的量不要太大，最好现做现用。制作时双手要清洁，指甲也要保持卫生。

保存面膜的要求

自制的面膜多用天然材料，新鲜但缺乏保质能力，最好随做随用，如要保存，保存时间不可超过1周。

保存面膜应使用密封容器，置于冰箱中冷藏，不要放在闷热潮湿的地方。每次使用前，先闻一下面膜材料，确认没有酸腐的气味，才能放心使用。如果感觉气味不对，要毫不犹豫地丢弃，千万不要勉强使用。

每次使用保存的面膜时，应使用干净的汤勺舀取，尽量不要用手指挖取，用剩下的材料也不可以再放回原瓶保存，这些都是为了避免污染未用的材料。

保存面膜的容器以玻璃、陶器或塑料广口瓶为宜，器皿应清洗干净并擦干水分后再放入面膜材料。

不浪费的面膜延伸使用法

如果面膜一次做得太多，觉得扔掉可惜的话，不妨延伸一下使用范围，将剩下的材料用于身体其他部位肌肤的护理。

重点护理的部位是脖子、手臂、小腿和双脚，这些部位常露在外面，容易受尘土、日晒等外部环境的影响，产生干燥、脱皮、皱纹等问题，日常养护同样非常重要。

清洁身体后，可以将面膜的材料涂在身上，大约20分钟后再冲洗干净，此间可以进行一些美甲、护理头发等工作，也不会觉得等待的时间太无聊。

如果是泡澡的话，就把剩下的面膜材料投入浴缸，边泡澡边养肤，一举两得，是放松身心、缓解疲劳的好方法。

四季护肤要点

春

春季：抗敏保湿

春季是重新打造健康肌肤的首要季节，此时大地回暖，生机盎然，但气候的变化也会引发许多身体疾病或使宿疾复发，肌肤问题也不断出现，其中最突出的就是肌肤过敏。

随着气温升高，人体皮脂腺与汗腺的生理活动日渐增强，皮肤油脂分泌旺盛，再加上春风带来的花粉、灰尘、细菌等过敏源与肌肤接触，容易引起过敏性皮炎、荨麻疹、皮肤红肿、发痒、长疱等现象，这都是春天所特有的“过敏现象”。油性皮肤的人在春季容易产生痤疮加重的状况，应特别注意深层清洁工作。另外，在干燥多风的北方，人体皮肤中的大量水分流失，这时的皮肤感觉发干是由于皮肤缺水、油水不均衡而造成的，因此，保湿补水也是这一季的护肤重点。

夏

夏季：防晒控油

夏季时而烈日炎炎，时而阴雨绵绵，气候潮湿闷热，我们的肌肤也随之经受着考验，皮肤细胞的更替加快，腺体分泌旺盛，汗液大量排出，脸上总是油腻腻的，容易出现痘痘、疖疮和痱子。另外，夏季强烈的阳光更是美容的天敌，它会使皮肤晒黑、晒伤、老化、出现黑斑甚至脱皮，并使脸色萎黄，失去健康光泽。所以，这一季的护肤重点就是防晒和控油。

除了白天注意防晒外，晚间的晒后修护工作也非常重要。如果觉得肌肤发红、有灼热感，可用毛巾冰敷，或使用舒缓保湿的面膜及晒后修护品来镇静和修复肌肤。使用保养品可以选择含有芦荟、薄荷等植物成分的，这样可消除日晒后皮肤产生的红肿、发烫等不适感觉。

深层清洁工作也不可缺少，以改变肌肤特别是脸部的T区油光满面、油多水少的状况。平时可以随身携带吸油纸以随时去油。另外，用一些夏日常吃的水果制成清凉去油的面膜，既经济又有效，是居家美容的好方法。

秋

秋季：补水美白

秋季阳气渐收，阴气渐长，气候由热转凉，雨水渐少，气候干燥，津液干耗，“秋燥”常会引起口干、唇干、皮肤干燥、肤质粗糙、无光泽，出现细纹、鳞片、色泽黯淡甚至皲裂等状况，因此，补水是当务之急。在经历了一个夏天的日晒后，也容易出现面色黑黄、雀斑、黄褐斑、晒斑等肌肤问题，这就需要在秋季进行一场美白祛斑大行动。

多做补水面膜，最好自己用蔬菜水果制作天然面膜。此外，平时要多饮水，以维持水代谢平衡，防止皮肤干裂、邪火上侵。多用磨沙膏深层清洁，以软化肌肤、去角质。可使用具有美白功效的面膜，以改善春夏日晒造成的暗黄肤色，去除脸部斑点。

冬季：滋润抗皱

冬

冬季人体阳气潜藏，也就是说，人体的生理活动因冬季气候特点的影响而有所收敛，并将一定能量贮存于体内，以为来年的“春生夏长”做好准备。与此同时，又要有足够的能量来维持冬季热能的更多支出，提高机体的抗病能力。

冬季气候干燥寒冷，特别在北方地区，室内供暖更加重了环境的干燥，此时的肌肤毛孔收缩，油脂分泌减少，容易脱水、起皱，出现皮肤瘙痒、脱皮掉屑的现象。此外，寒冷会使一些体质不佳的女性由于血液循环不良，导致面色苍白、少光泽、手足冰冷等状况，所以这一季要加倍呵护自己的肌肤。要特别注意眼周、嘴唇两侧、额头和脖颈这些皱纹多发地的护理，防止小细纹悄悄而来。每日涂抹润肤霜后可稍加按摩，以促进润肤品的吸收，并使脸色更红润，配合深度滋润和防皱的自制面膜，效果当然更好了。

良好的护肤习惯

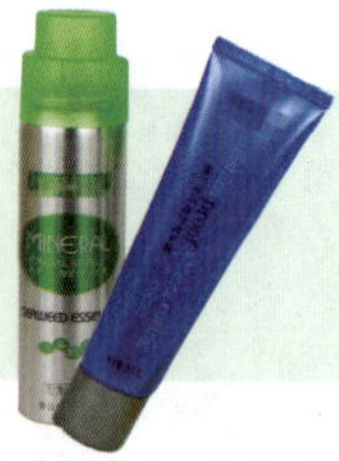

防晒

日晒是皮肤的大敌，阳光中的紫外线会导致皮肤损伤，经过过度日晒的皮肤不仅容易衰老，更会引发皮肤癌，所以，为了延缓衰老、保护肌肤，把防晒作为一个日常护肤的好习惯吧。

好睡眠，好肌肤

失眠、熬夜或过于疲劳都会使肌肤松弛老化，产生黑眼圈、眼袋、肤色晦暗、皱纹等肌肤问题，因此，充足的睡眠对于护肤是十分重要的。肌肤的最佳修复时间是在晚11点至凌晨5点，这时让身体彻底放松、休息，是养肤的重要一环。要记住“美人是睡出来的”哦！

不过度依赖化妆品

尽量不化妆或只化淡妆。如果经常浓妆艳抹，会影响皮肤呼吸及透气，再加上卸妆不彻底，容易导致化妆品残存于毛孔中，造成毛孔堵塞，皮肤发黄粗糙，加速衰老与松弛。

饮水

饮水是保养肌肤最简单有效的方法，一天保证8杯水，既能满足肌肤需要，又能及时排出身体毒素。千万不要等到口渴了才想起喝水哦！

减轻压力

现代女性面对的压力越来越大，不论是来自工作上的竞争还是生活中的困境，过大的精神压力和长期神经紧张会造成女性内分泌系统的紊乱，从而带来肌肤问题。适当的心理调试，多做运动、听音乐、冥想、做瑜珈、做SPA、购物或与朋友聊天都是放松的好方法。

饮食平衡

多种营养物质要均衡摄取，拒绝辛辣油腻食物，饮食清淡，才是养肤之道。

补充铁质：补铁是最直接的补血方法，它能使皮肤光泽红润。含铁多的食物有动物肝脏、蛋黄、海带、紫菜等。

补充胶原蛋白：胶原蛋白能使肌肤丰满充盈，光滑有弹性，减少皱纹产生，因此应多吃富含胶原蛋白的猪蹄、动物筋腱和猪皮等。

多吃新鲜蔬菜水果：除了补充维生素外，还能摄取大量的纤维素，可促进肠道蠕动，帮助排毒，起到养颜美容的作用。

补充维生素

维生素C：具有减缓黑色素合成的作用，多吃富含维生素C的食物，如柑橘、柠檬、猕猴桃、番茄、大枣、黄瓜、苦瓜、西瓜、空心菜等新鲜蔬果，可以使皮肤光滑，白嫩细腻。

维生素A：可改善皮肤粗糙，使肌肤柔嫩，增加抵抗力。富含维生素A的食物有动物肝脏、胡萝卜、蛋黄、南瓜和绿色蔬菜。

维生素E：能延缓老化，增加皮肤再生能力。维生素E在花生油、橄榄油、葵花籽油等植物油及坚果中含量丰富。

B族维生素：包括维生素B_1、B_2 、B_6、B_{12} 等，对预防多种皮肤疾病有重要作用，且能平滑润泽肌肤。富含B族维生素的食物有动物肝脏、蛋、奶、豆类、菇类、花生、玉米等。

远离烟酒

烟酒不光对身体健康有害，对肌肤也是有弊无利，过量的烟酒会加速肌肤衰老、起皱，使皮肤变得松弛浮肿、肤色暗淡。尤其对于女性来说，抽烟喝酒会加速人体自由基的产生，而自由基正是造成肌肤老化的元凶。所以，要想有健康而雅观的肌肤，劝君还是从远离烟酒开始吧！

你是哪种肌肤类型？

认清自己的皮肤类型，根据肤质选择适合自己的面膜，护肤的效果才会事半功倍哦！下面我们来看看肌肤有哪几种类型，你不妨对号入座。不过，肌肤类型也不是一成不变的，一般随着年龄增长，肌肤会越来越偏向干性。

中性皮肤

中性皮肤是最理想的皮肤状态，皮肤呈弱碱性，不油不干，油脂和汗液分泌正常，皮肤健康细腻，有弹性。中性皮肤的保养相对容易，除日常的清洁、滋润外，每周敷1次面膜即可。

油性皮肤

油脂和汗液分泌较多，毛孔粗大，皮肤粗糙，脸上总是油油亮亮的，易生顽固的痤疮，容易脱妆。油性皮肤的保养重在清洁，要使用去污垢力强的深层洁面品，选择保湿透气的水质护肤品，以免堵塞毛孔。敷清洁补水面膜，每周2次。饮食上少吃辛辣油腻的肉食，多吃新鲜清淡的蔬菜、水果，多饮茶也特别有效。

干性皮肤

油脂和汗液分泌较少，皮肤有紧绷感，缺少光泽，容易干涩、脱皮、粗糙，易生小细纹及斑点。养护干性皮肤要避免过度清洁，洗脸后及时涂上足量的营养霜，尤其夜间要使用油质护肤品加倍滋润皮肤。敷营养面膜，但不宜太勤，2周1次即可。饮食上要多摄取含蛋白质、脂肪的鱼、肉、蛋、奶等食物，以改善肤质。

混合性皮肤

油性皮肤和干性皮肤的混合体，脸上T字部位为油性特征，常泛油光，而其他部位为干性特征，干涩紧绷。混合性皮肤的护理相对麻烦，不同类型的区域要分开护理，一定不能偷懒，如额头、鼻子、下巴等油性区域要用水质护肤品，而干性区域应选择油质护肤品。饮食上要注意营养均衡，补充多种维生素。

敏感性皮肤

容易产生过敏的皮肤类型，对外界刺激非常敏感。在皮肤护理时要注意避免刺激，洗脸水温度要适中，选择性质温和的洁面品和护肤品，外出时更要加强防护，避免日晒，使用新的化妆品和护肤品之前一定要做过敏试验。饮食上少吃鱼、虾、蟹等容易引起过敏的食物，多吃牛奶、豆制品及新鲜蔬菜、水果，以增强抵抗力。

从肌肤看健康

从皮肤上我们可以看出一个人的健康状况，所以皮肤又被称为“身体的镜子”。健康的皮肤不论是什么肤色，都应该是红润光滑、细腻有弹性、有光泽、少斑点的。一个人五脏调和，气血通畅，才能由内而外地焕发光彩！

“肝开窍于目，心开窍于舌，脾开窍于口，肺开窍于鼻，肾开窍于耳”，这些部位的表皮颜色、血液循环状况能反映出相应内脏的健康状态。可见，面膜只是一个表面文章，不能解决全部的“面子”问题，配合内在调理，才能更好地保养肌肤。

“健康就是美丽”，这话一点不错！

气色与健康

气色的变化可能是某些疾病的前兆和表现，此时应注意观察，及时调养。

皮肤发黄而无光泽

可能是肝胆疾病，也可能是营养不良、脾胃虚弱的表现。

皮肤发黑、暗沉而无光泽

肾阳虚，阴寒盛。

皮肤偏红而无光泽

内热或心血管疾病，也有可能是发炎或皮肤过敏。

皮肤苍白无而光泽

气血虚弱，寒凝气滞。

皮肤健康与人体脏腑的关系

肝

肝主藏血，有贮藏血液、调节血量、排毒解毒的功能，如果肝脏功能不佳，会导致血液中的毒素增加，反映在皮肤上会有颜色暗沉萎黄、出现色斑等现象。平时多吃一些养血排毒的食物，如菠菜、樱桃、绿豆等，对保养肝脏很有好处。

肾

肾主水，有调节人体水分代谢及排泄身体废物的功能。肾功能不佳，会使皮肤暗淡无光、浮肿、干皱、毛发枯黄。养肾可以多吃富含胶原蛋白的食品及木耳、黑豆、紫菜等食物，能帮助你减少皱纹，增加皮肤弹性，延缓衰老，消除斑点，黑亮毛发。

心

心主血脉，有调节人体血液循环的功能。如果血液循环异常，容易引起毛孔堵塞、代谢物淤滞，而造成各种皮肤问题。养心的关键是除火祛湿，平时多吃些苦瓜、番茄、西瓜、草莓等新鲜瓜果十分有益。

脾胃

脾胃主肌肉，消化功能良好才能营养充足，肌肉丰满，皮肤也能得到充分滋养和润泽。脾胃虚弱的第一印象就是面黄肌瘦，补养脾胃不妨多吃些黄色的食物，如小米、马铃薯、南瓜、甘薯、栗子等。

肺

肺主皮毛，肺能温养润泽皮毛，并使皮毛汗孔开合正常，起着保卫机体、抗御外邪的作用。润肺的关键是去燥补水，多吃些新鲜的水果、蔬菜和水产品，可以防止肺功能不佳引起的皮肤苍白、干燥、粗糙等问题。

有效的美容穴位

一定要知道的美容穴位

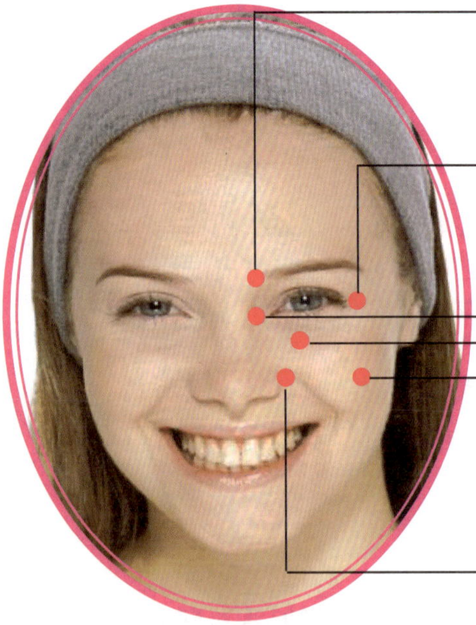

手法与力度

按摩这些穴位时，用力要适当，感觉穴位酸、胀、麻即有效，不要太用力，感觉太痛时就要减小力度。

每对穴位均为左右对称的2个，应同时按摩，足三里穴可以分别按摩。

按摩方法为：以穴位为中心按揉，脸部穴位用食指即可，足三里穴应用大拇指或中指。一般每对穴位按摩不超过30次，过度按摩会牵拉皮肤，对美容来说可能会适得其反。

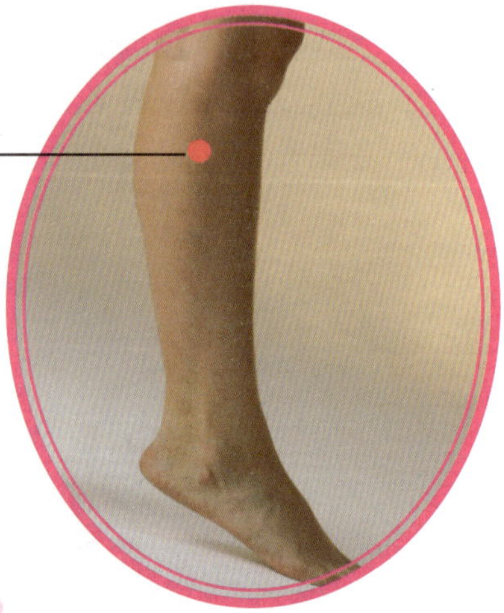

Chapter 2

清洁、抗痘、去角质面膜

薄荷茶
清爽面膜

材料

干薄荷叶10克，面膜纸1张。

做法

1 将薄荷叶放入锅中，加适量水，煮10分钟，晾凉备用。

2 将薄荷水倒入碗中，投入面膜纸充分浸泡。

3 将面膜纸贴敷于面部，静置20分钟后取下。

功效

清爽肌肤，去除油脂及污物，起到清洁镇静作用。

[材料介绍]

◎薄荷

薄荷有清凉退热、提神醒脑、去油化腻的作用，用薄荷水敷面，可以镇静肌肤，调节肌肤油脂分泌，从而起到清洁作用，对于油性肌肤者尤为适用。

[材料介绍]

◎野菊花

野菊花有清热解毒、消肿消炎的作用，可缓解皮肤红肿发炎，预防痤疮等肌肤问题。

◎牛奶

牛奶是滋润肌肤、美白祛斑、预防肌肤过敏的佳品，是天然优质的美容材料，也是自治面膜时经常使用的材料。

野菊花 防痘面膜

材料

野菊花10克，牛奶50毫升，面膜纸1张。

做法

1 将野菊花放入锅中，加适量水，煮10分钟，晾凉备用。

2 将野菊花水倒入碗中，兑入牛奶搅匀后投入面膜纸充分浸泡。

3 将面膜纸贴敷于面部，静置20分钟后取下。

功效

清热解毒，消肿消炎，预防痤疮等肌肤问题。

[材料介绍]

◎黄瓜

黄瓜清凉去火、去除油腻，补充大量水分和维生素，不论食用还是外用，都是廉价又安全的美容材料。

◎蜂蜜

蜂蜜有良好的延展性，起到保护和滋润肌肤的作用，防止肌肤受到过度刺激或过敏，是自制面膜的常用辅料。

黄瓜蜂蜜面膜

功 效

补水去油，洁净肌肤，清凉镇静。

材 料

黄瓜100克，蜂蜜1大匙。

做 法

1 将黄瓜洗净，切片后放入搅拌机中打成泥，或用擦泥器擦成泥。

2 将黄瓜泥加入蜂蜜搅拌均匀，倒入碗中。

3 将面膜涂敷于面部，静置20分钟后洗净。

美丽必修课

◎黄瓜是传统的美容材料，用法非常多。除了擦成黄瓜泥之外，还可以把黄瓜切成小圆片，敷在眼睛上，对于消除眼袋、去除黑眼圈有一定的作用。

◎使用黄瓜前一定要清洗干净，防止表皮的农药残留而刺激皮肤。

[材料介绍]

◎丝瓜

丝瓜含有多种氨基酸、维生素以及大量水分，可以有效地去油补水、美白祛斑、平复皱纹，用来保养娇嫩的眼部肌肤也是不错的选择。

◎鸡蛋清

鸡蛋清是自制面膜的常用材料，有紧致肌肤、细化毛孔、增白祛皱的作用。

丝瓜蛋清面膜

材料

丝瓜100克，鸡蛋清30克（1个鸡蛋的量）。

做法

1 将丝瓜去皮、洗净放入搅拌机中打成泥。

2 将丝瓜泥加入鸡蛋清搅匀成糊状即可。

3 将面膜涂于面部，20分钟后洗净即可。

功效

清洁补水，美白肌肤，淡化斑点。

红酒蜂蜜面膜

材料

红葡萄酒50毫升，蜂蜜1大匙，面膜纸1张。

做法

1 将葡萄酒倒入杯中加入蜂蜜搅匀。

2 将面膜纸放入葡萄酒中充分浸泡。

3 将面膜纸敷于脸上，等待20分钟后取下即可。

功效

收敛毛孔，紧致肌肤，控制油脂分泌。

[材料介绍]

◎红酒

红酒可以扩张血管，促进肌肤细胞的新陈代谢，所含的酒精成分能消毒杀菌、清洁和净化肌肤、调节油脂分泌，而且红葡萄酒能给肌肤提供丰富的营养，抗氧化效果也很好。

◎蜂蜜

混合蜂蜜可以缓解酒精的刺激，使肌肤不会干涩，更有弹性。

[材料介绍]

◎甘油

甘油是自制面膜的底料，它性质温和，绝不刺激，又有很好的保湿性，即使是过敏肌肤或有痤疮等其他肌肤问题的人也可以安心使用。婴儿油效果类似，可以代替甘油使用。

◎玫瑰

玫瑰花有活血化淤、润肤养颜和疏解压力的作用。

◎白醋

白醋有良好的清洁和柔润作用，同时也可以杀菌消炎，软化肌肤。

玫瑰甘油洁肤水

材 料

鲜玫瑰花瓣10片，白醋20毫升，甘油10毫升，纯净水100毫升。

做 法

1 将鲜玫瑰花取下花瓣，泡于白醋中，静置1周。

2 将泡好的白醋加入甘油和纯净水摇匀，制成玫瑰甘油收敛水，装瓶保存。

3 将洁肤水倒在化妆棉上，清洁面部；或在干燥时，喷于脸上，再用手指拍匀。

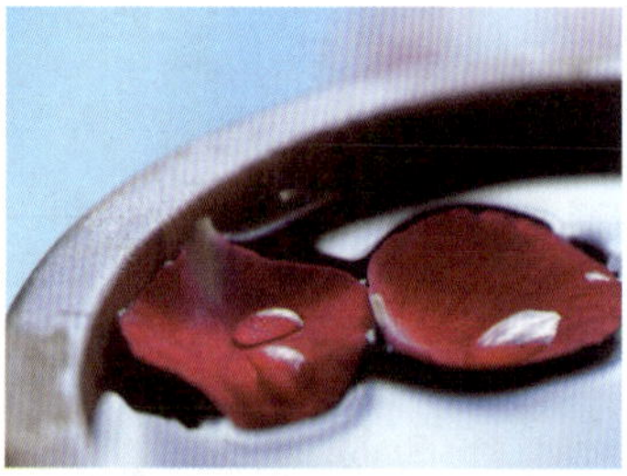

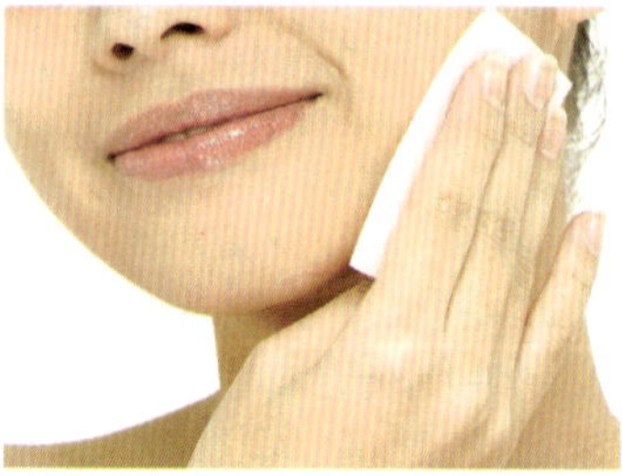

功 效

清洁去油，收敛毛孔，软化肌肤，镇静消炎。

美丽必修课

◎我们平时用完的化妆品瓶瓶罐罐可以用来盛装自制保养品。水状的保养品可以盛于带喷嘴的瓶中，而泥膏状的面膜可盛于扁平的瓶中。放入冰箱保存是最好的，不仅起到保质作用，清爽肌肤的效果也更好。

◎含有白醋的洁肤水保存时间可稍长，但超过2周也不要冒险使用了。

冬瓜洗面奶

材料

冬瓜100克，牛奶100毫升。

做法

1 将冬瓜去皮去瓤，用搅拌机打成汁。

2 将牛奶倒入碗中，加入冬瓜汁搅匀。

3 洗脸时，将冬瓜洗面奶抹在脸上，用手指按摩，15分钟后用清水洗净即可。

功效

软化肌肤角质层，去油补水。

[材料介绍]

◎冬瓜

冬瓜有很好的祛暑解毒效果，可以用来去油，补水，调整肌肤的油质分泌，尤其适合油性肌肤的人。

◎牛奶

牛奶搭配冬瓜使用，具有更好的滋润、美白、嫩滑、软化肌肤的作用。

[材料介绍]

◎菊花

菊花是清热解毒的佳品，对于经常长痘痘的人不妨内外兼用。

◎金银花

金银花也是解毒消炎、清热退火的良药，经常上火导致肌肤红肿发炎、痘痘丛生的人不仅可以常用它来敷面，泡水喝也很见效。

排毒面膜

材 料

菊花10克，金银花10克，面膜纸1张。

做 法

1 将菊花和金银花放入锅中，加适量水煮10分钟，晾凉备用。

2 将茶水倒入碗中，放入面膜纸浸泡。

3 将面膜纸敷于面部，20分钟后取下。

功 效

消除肌肤红肿发炎，清洁去油。

双豆去角质面膜

功 效

清洁毛孔，去除老废角质，消除肌肤湿热红肿，舒缓镇静。

材 料

红豆50克，绿豆50克，薰衣草10克。

做 法

1 将薰衣草用开水冲泡15分钟，取水备用；将红豆煮烂，捣成泥；将绿豆研磨成粉。

2 将红豆泥、绿豆粉放入碗中，倒入薰衣草水，搅拌成稠糊即可。

3 将面膜涂于面部，20分钟后洗净即可。

[材料介绍]

◎绿豆、红豆

绿豆可以清热解毒，红豆有消肿利水的作用，两者一起使用，既可以清洁肌肤，微粗的颗粒又能有效去除肌肤角质，起到深层清洁的作用。

◎薰衣草

薰衣草能起到舒缓、镇静肌肤的作用，薰衣草泡水也可以直接饮用。

[材料介绍]

◎绿豆粉

绿豆粉清热解毒，也可以去除肌肤角质，调整肌肤油脂平衡，特别适合油性肌肤者使用。

◎黄豆粉

黄豆粉也可以起到去除角质的作用，而且黄豆粉能给肌肤提供丰富的营养。黄豆粉可以在超市里买到，也可以自制。

双粉去脂面膜

材料

黄豆粉50克，绿豆粉50克。

做法

1 将黄豆粉和绿豆粉放入碗中，加适量水，搅拌成泥状即可。

2 将双粉面膜涂于面部，用手轻轻按摩，20分钟后洗净即可。

功效

调整肌肤油脂分泌，深层清洁肌肤，预防起痘。

咖啡面膜

材 料

咖啡粉10克，蜂蜜1大匙，甘油10毫升。

做 法

1 将咖啡粉用蜂蜜和甘油调成糊状。

2 将面膜涂于面部，用手指按摩，20分钟后洗净即可。

功 效

活血润颜，清洁毛孔，去角质。

[材料介绍]

◎咖啡粉

咖啡粉大小合适的颗粒能起到去角质的作用，此外，咖啡有促进新陈代谢、活化肌肤细胞的作用，配合温和、滋润的蜂蜜和甘油，可以避免过度刺激肌肤。

[材料介绍]

◎玉米粉

玉米营养价值非常高，而且富含维生素E，对于缓解老化、淡化皱纹非常有益。玉米粉的小颗粒也是去除角质的好材料，配合滋润的牛奶和甘油，效果更加显著。

玉米粉润肤面膜

材料

玉米粉50克，甘油10毫升，牛奶50毫升。

做法

1 将玉米粉放入碗中，倒入甘油和牛奶，搅拌成稀糊状即可。

2 用手指取面膜涂在脸上，轻轻按摩，20分钟后洗净即可。

功效

去除老废角质，润泽肌肤，预防老化和皱纹产生。

美丽必修课

黄豆粉、绿豆粉、玉米粉等粉状物质颗粒大小适中，非常适合作为去角质、深层清洁肌肤的材料。这些粉料可以自己制作，先将黄豆、绿豆、玉米粒等原料洗净、泡软，再放入搅拌机打碎成粉末状。当然，去超市也可以买到现成的粉料，使用起来更加方便。

橘皮面膜

材 料

鲜橘皮30克，甘油10毫升。

做 法

1 将鲜橘皮放入碗中，倒入甘油，搅拌成糊状即可。

2 用手指取面膜涂在脸上，轻轻按摩，20分钟后洗净即可。

功 效

深层清洁，补充多种维生素。

[材料介绍]

◎橘皮

橘皮中含有芳香物质和多种维生素，较粗的颗粒也使它成为制作去角质面膜的好材料。

◎甘油

甘油相当于一层保护剂，可以缓和刺激，避免过度摩擦伤害肌肤。

Chapter 3

美白、祛斑、防晒面膜

[材料介绍]

◎绿茶

日晒会导致人体自由基的产生，而自由基是人体老化的元凶。绿茶中的多酚是一种强力的抗氧化分子，能够抑制自由基对弹力纤维造成的伤害，活化皮肤细胞，使暗沉、发黄、缺乏活力的肌肤充满弹性和健康的光泽。绿茶对缓解皮肤晒伤出现的红肿、疼痛甚至脱皮现象、夏日蚊虫叮咬引起的肌肤肿痒都十分见效，将绿茶包敷于患处，可舒缓肌肤的灼热疼痛，消肿止痒，并加速痊愈，是天然的护理剂。

绿茶面膜

材料

绿茶10克，面膜纸1张。

做法

1 将绿茶用开水冲泡15分钟。

2 将茶水倒入杯中，放入面膜纸浸泡。

3 将面膜纸敷于脸上，静置15分钟后取下。

功效

镇静肌肤，预防及修复肌肤晒伤。

胡萝卜面膜

材料

胡萝卜100克，蜂蜜1大匙。

做法

1 将胡萝卜去皮，洗净，切块后放入搅拌机打成泥。

2 将胡萝卜泥用蜂蜜调匀。

3 将面膜涂敷在脸上，20分钟后洗净即可。

功效

细致毛孔，提亮肤色，保持肌肤弹性。

[材料介绍]

◎胡萝卜

胡萝卜富含多种维生素，可以有效改善皮肤粗糙、暗沉现象，经常使用，不仅可以起到清洁肌肤的作用，还是美白肌肤的佳品。

◎蜂蜜

蜂蜜可以滋润肌肤，保持肌肤弹性，在这里也起到调和面膜和预防过敏的作用。

·[材料介绍]

◎木瓜

木瓜有软化、滋润肌肤的作用，对于美白、祛斑也有很好的功效。

◎酸奶

酸奶含有多种维生素、钙和蛋白质，是自制面膜的重要辅料。常使用酸奶做的面膜可以使肌肤柔软、滑嫩，美白。

木瓜酸奶面膜

材料

木瓜100克，酸奶50毫升。

做法

1 将木瓜去皮、去籽，切成块，放入搅拌机中打成泥。

2 将木瓜泥用酸奶调匀。

3 将面膜涂抹在脸上，静置20分钟后洗净即可。

功效

软化肌肤、滋润美白，淡化斑点。

美丽必修课

美白第一课应该是防晒，避免紫外线对肌肤的伤害。如果长时间在阳光下曝晒，紫外线会直达肌肤的真皮层，使胶原纤维和弹力纤维产生变化，从而使肌肤失去光泽和弹性，形成暗沉、色斑。

[材料介绍]

◎西瓜

西瓜是清热解暑的佳品，而西瓜皮常被人们丢弃，其实，西瓜皮清凉去热、镇静美白肌肤的效果非常好。夏季阳光强烈，吃完西瓜后，不妨利用西瓜皮来修复晒红的肌肤。冰镇后效果更好。

西瓜皮面膜

材料

西瓜皮100克。

做法

1 将西瓜去瓤，切除外皮，只保留白色部分。

2 洗净脸，把西瓜皮贴在脸上，15分钟去掉后用清水洗净即可。

3 或将西瓜皮打成泥敷于面部，15分钟后洗净。

功效

修复晒后发红、粗糙的肌肤；清凉镇静，补水美白。

美丽必修课

夏天外出时要特别做好防晒工作，除了戴遮阳帽、墨镜、备防晒伞外，涂防晒隔离护肤品也是必不可少的。防晒霜要在出门前20分钟涂抹才能起到应有的防晒效果。选择防晒品时，一定要注意它的防晒系数（SPF），平时上班、上学及日常生活的防护一般选用SPF15，而如果去海边游泳，就要选用SPF30的防晒品。

◎猕猴桃

◎牛奶

◎鸡蛋清

◎蜂蜜

[材料介绍]

猕猴桃富含维生素C，有“维生素C之王”的美誉，而维生素C是美白肌肤、去除色斑的有效物质，食用和外用效果都不错。配合同样润肤美白的牛奶、祛斑除皱的鸡蛋清、滋养润滑肌肤的蜂蜜，就制成了这道美容功效卓著的面膜。

美白祛斑面膜

材料

猕猴桃100克，牛奶50毫升，鸡蛋清30毫升，蜂蜜1大匙。

做法

1 将猕猴桃去皮、切片，放入搅拌机中打成泥。

2 将猕猴桃泥倒入碗中，加牛奶、鸡蛋清，搅成稀糊。

3 用手指取面膜涂在脸上，轻轻按摩，20分钟后洗净即可。

功效

防晒美白，抗氧化、除色斑。

美丽必修课

精神紧张、压力过大会造成内分泌失调，也是肌肤暗沉、斑点产生的重要原因，因此，保持规律的作息时间、放松心情、疏解压力也是养护肌肤的法宝。

苹果番茄面膜

材料

苹果100克，番茄50克。

做法

1 将苹果去皮、去核，切成片；将番茄去皮、去籽，切成块。

2 将苹果和番茄一起放入搅拌机打成泥。

3 将面膜涂在脸上，20分钟后洗净即可。

功效

紧致肌肤，收敛毛孔，美白，抗氧化。

[材料介绍]

◎番茄

番茄不仅含有丰富的维生素，有美白祛斑的功效，还有大量的抗氧化物质，有助于防止肌肤老化。

◎苹果

苹果特殊的芳香可以放松心情、缓解压力，大量的维生素可以改善肌肤暗沉问题，对消除色斑也有一定的作用。

[材料介绍]

◎大蒜

大蒜有一种刺激性物质——大蒜素，它有杀菌消炎、抗氧化的作用，对于洁净肌肤、预防各种斑点产生都十分有益。但大蒜刺激性较强，过敏性肌肤者慎用。

◎蜂蜜

蜂蜜在这道面膜中可以缓解大蒜的刺激性，保护肌肤。当然，使用前先在手臂内侧做一下过敏试验是最安全的。

大蒜蜂蜜面膜

材料

大蒜3瓣，蜂蜜1大匙。

做法

1 将大蒜去皮、切除根部，用压蒜器压成蒜泥。

2 将蒜泥用蜂蜜调匀。

3 用手指取面膜涂在脸上，轻轻按摩10分钟，用温水洗净。

功效

杀菌消炎，抗氧化，预防各种斑点产生。

[材料介绍]

◎豆腐

豆腐富含植物蛋白，营养丰富，而且含有一种天然的植物性雌激素——类黄酮物质，对于延缓衰老、美化肌肤非常有益。常使用豆腐面膜，肌肤可以常保滋润、嫩滑和美白。

豆腐面膜

材 料

南豆腐100克。

做 法

1 将南豆腐放入碗中，用勺子把豆腐压成泥即可。

2 将面膜涂在脸上，20分钟后洗净即可。

功 效

美白淡斑，软化肌肤，使之柔嫩光滑。

蛋清醋面膜

材料

白醋100毫升，鸡蛋清50毫升，面膜纸1张。

做法

1 将鸡蛋清放入杯中，倒入白醋，浸泡3天。

2 用时，取蛋清醋拌匀，敷在脸上，20分钟后洗净即可。

功效

软化美白肌肤，改善红肿、暗沉、色斑等肌肤问题。

[材料介绍]

◎白醋

白醋的作用是软化肌肤，消除红肿发炎，消毒杀菌，可以使肌肤白皙透明，充满活力。

◎鸡蛋清

鸡蛋清对收敛毛孔、改善肌肤松弛现象、去除色斑和暗沉等肌肤问题有很大作用。

COCONUT
PALM

[材料介绍]

◎椰汁

椰汁是美白肌肤的明星材料，不论是饮用还是外敷，都有令肌肤白嫩柔滑的效果。直接椰子取汁效果最好，如果觉得不方便，市售的椰汁饮品也可以代替。

◎薏米

薏米是美白佳品，可以自己用加工机打碎成粉末使用，也可以去超市粮食柜台购买现成的薏米粉。

椰汁薏米面膜

材料

薏米100克，椰子汁50毫升，牛奶30毫升。

做法

1 将薏米研磨成粉。

2 将薏米粉放碗中，倒入椰汁、牛奶搅拌成糊。

3 用手指取面膜涂在脸上，轻轻按摩，20分钟后洗净即可。

功效

使肌肤更加美白、柔嫩、光滑。

美丽必修课

饮食对于肌肤的作用也非常大，如果想得到洁净美白的肌肤，需要多摄取维生素（包括维生素C、B族维生素、维生素E等）和蛋白质（包括乳蛋白、大豆蛋白以及动物蛋白）。此外，多食用白色的食物对美白肌肤也十分有益，如上面提到的椰汁、薏米、牛奶，还有百合、莲藕、山药、银耳等。

茯苓蜂蜜面膜

材料

茯苓30克，蜂蜜1大匙，酸奶50毫升。

做法

1 将茯苓研磨成粉。

2 将茯苓粉用蜂蜜、酸奶调成糊。

3 将面膜涂抹在面部，20分钟后洗净即可。

功效

改善肌肤粗糙暗沉，美白肌肤，淡化斑点。

[材料介绍]

◎茯苓

茯苓有淡化色斑、美白肌肤的作用，对皮肤比较干燥且面色暗黑者尤为适用。茯苓搭配酸奶和蜂蜜，可以更加有效地润泽美白肌肤。茯苓是一味中药材，可以在中药店买到。

[材料介绍]

◎杏仁

杏仁和薏米一样，都是既可内用又可外用的美容材料，外用可以起到淡化斑点、美白肌肤的效果。此外，杏仁也常用来制作甜点或调制饮品，爱美的朋友们不妨多多食用。

杏仁薏米面膜

材 料

杏仁50克，薏米20克，牛奶50毫升。

做 法

1 将杏仁、薏米分别研磨成粉。

2 将杏仁粉、薏米粉放入碗中，倒入牛奶搅拌成糊状即可。

3 将面膜涂在脸上，用手指按摩，20分钟后洗净即可。

功 效

提亮肤色，细致毛孔，嫩滑美白肌肤，淡化色斑。

[材料介绍]

◎珍珠粉

珍珠粉自古就是美白圣品，现在很多化妆品中都添加了珍珠粉的成分，是美容常用材料。常用能润泽肌肤、抗衰老、美白祛斑，使肌肤如珍珠般光彩动人。

◎白芷

白芷有排脓、活血、生肌的作用，也是传统的美白中药材，在中药店可以买到。

◎洋甘菊

洋甘菊有缓解疲劳、放松神经的作用，可以消除疲惫感，调整肌肤状态。

白芷珍珠面膜

功效

活血润颜，美白祛斑，舒缓镇静肌肤。

材料

白芷30克，珍珠粉10克，洋甘菊5克。

做法

1 将洋甘菊用开水冲泡15分钟，取水，晾凉。

2 将白芷研磨成粉，加入珍珠粉、洋甘菊水，搅拌成糊状。

3 将面膜敷在脸上，静置20分钟后洗净。

美丽必修课

珍珠粉的品质很重要，一定要购买美容专用的天然纯正的优质海水珍珠粉，纯度不够或劣制品会导致皮肤毛孔堵塞而引起接触性皮炎。

[材料介绍]

◎珍珠粉

珍珠粉有美白祛斑的作用，在一些超市里有出售专门美容用的珍珠粉。

◎鸡蛋清

鸡蛋清可以使肌肤白皙洁净，配合珍珠粉，美白效果当然更胜一筹。

珍珠蛋清 面膜

材料

珍珠粉10克，鸡蛋清40克。

做法

1 将鸡蛋清放碗中，快速搅打至起泡。

2 加入珍珠粉拌匀即可。

3 用手取面膜涂于面部，并轻轻按摩，20分钟后用清水洗净即可。

功效

收敛毛孔，提拉紧致肌肤，淡化斑点和皱纹，使肌肤更白皙透明。

半夏祛斑面膜

材料

半夏20克，面粉30克，白醋1大匙，柠檬汁适量。

做法

1 将半夏研磨成粉。

2 将半夏粉放碗中，加入面粉、白醋、柠檬汁，搅拌成稠糊。

3 将面膜涂抹在脸上，20分钟后洗净。

功效

美白去皱，软化、紧致肌肤。

[材料介绍]

◎半夏

半夏也是一味中药材，有润肤美白的功效，搭配白醋和柠檬，能够创造紧实细致的肌肤。

◎面粉

面粉有美白、洁净、去皱、紧实皮肤的效果，是自制面膜的常用材料。

[材料介绍]

◎芦荟

芦荟具有补水镇定的作用，可以用来修护晒伤发红的肌肤。它还有消炎止痒作用，可以治疗蚊叮虫咬引起的皮肤红肿发痒。

◎酸奶

酸奶可以起到美白肌肤、消除暗沉的作用。最好购买原味酸奶，各种果味酸奶含添加剂太多，不建议使用。

芦荟酸奶面膜

功 效

防治肌肤晒伤及蚊叮虫咬引起的红肿发炎现象。

材 料

芦荟100克，酸奶50毫升。

做 法

1 将芦荟去皮，用勺刮取芦荟肉。

2 将酸奶倒入碗中，加入芦荟搅匀。

3 用化妆棉蘸取面膜涂抹在面部，保持20分钟后清洗干净即可。

美丽必修课

特别要注意芦荟的光敏现象。芦荟汁常用作美容原料，但如果残留在脸上未清洗干净，接触阳光后容易产生光敏反映，特别是对于过敏体质的人，更容易引发过敏性皮炎。同样需小心的还有柠檬。预防方法：（1）在使用前，最好先涂抹于手腕内侧，确定不会过敏再使用，而且使用频率不宜过高，时间不宜过长。（2）一定要将面膜彻底清除，最好是在夜间敷脸，让脸部皮肤能够有足够的时间适应代谢。（3）在敷脸前先涂一层薄薄的蜂蜜。

芦荟维生素E面膜

材料

芦荟100克，维生素E胶囊2颗。

做法

1 将芦荟去皮，取肉，放入搅拌机中打成汁。

2 将芦荟汁倒入容器，剪开维生素E胶囊挤出溶液，滴入芦荟汁中，充分拌匀。

3 用化妆棉蘸取面膜涂于脸上，轻轻按摩，20分钟后洗净即可。

功效

润泽肌肤，预防斑点产生，消肿止痒。

[材料介绍]

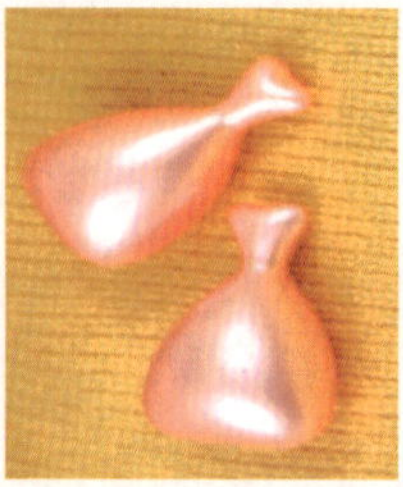

◎维生素E
维生素E可以调理肌肤、延缓衰老、预防皱纹及老年斑的产生，是美容的好材料。

◎芦荟
有一些大型超市的菜品专柜出售芦荟，如果购买不便，可以自己在家养上一盆，需要时，切一片下来使用即可。

Chapter 4

保湿、深层滋养面膜

豆浆保湿面膜

材料

豆浆100毫升，蜂蜜2大匙，面粉50克。

做法

1 将豆浆倒入碗中，放入蜂蜜和面粉搅拌均匀成稀糊状即可。

2 将面膜均匀地涂抹在脸部，静置20分钟后洗净即可。

功效

滋润保湿，营养肌肤，延缓衰老。

[材料介绍]

◎豆浆

豆浆是由黄豆制成的，它含有丰富的大豆蛋白、维生素和植物性雌激素，可以滋养肌肤、延缓衰老。豆浆搭配滋润保湿的蜂蜜，功效更显著。面粉在这里起增加黏稠度的作用。

[材料介绍]

◎淘米水

淘米水不仅有很好的清洁去污能力，也有良好的保湿滋养效果，这是由于淘米水中含有一定量的植物蛋白质和维生素，尤其是来自于谷物的B族维生素，是维护肌肤健康的重要物质。一般使用第二遍淘米水效果最好。

淘米水面膜

材 料

糯米100克，纯净水150毫升，蜂蜜1大匙，面膜纸1张。

做 法

1 将糯米放入碗中，先用水冲一次，再倒入纯净水，用手反复搓洗，滤出淘米水备用。

2 将淘米水倒入碗中，加入蜂蜜搅匀，投入面膜纸充分浸泡。

3 将面膜纸敷于面部，静置20分钟，揭下面膜洗净即可。

功 效

保湿滋润，去油去污。

[材料介绍]

◎黄瓜

黄瓜是天然的保湿剂，清洁作用也很好，是补水控油的高手。

◎甘油

甘油也是保湿的首选材料，它性质温和，特别适合敏感性肌肤和干性肌肤的滋养。

黄瓜甘油面膜

材料

黄瓜100克，甘油20毫升。

做法

1 将黄瓜洗净，用搅拌机打成泥。

2 将黄瓜泥倒入碗中，加入甘油搅拌均匀。

3 将面膜均匀地涂抹在脸部，静置20分钟后洗净即可。

功效

改善过敏性皮肤、干性皮肤，使肌肤更滋润。

秋梨面膜

材料

秋梨1个，蜂蜜适量。

做法

1 将梨去皮、去核，果肉放入搅拌机打成泥。

2 将秋梨泥倒入碗中，加入蜂蜜搅匀。

3 将面膜均匀地涂抹在脸部，静置20分钟后洗净即可。

功效

改善因气候干燥引起的脱皮、干裂、粗糙、毛孔粗大等问题。

[材料介绍]

◎秋梨

秋梨含水量非常高，是补水保湿的佳品，维生素含量也十分丰富，能提供给肌肤充足的营养。

◎蜂蜜

蜂蜜配合秋梨，可以预防因气候干燥引起的肌肤起皮、干裂、粗糙等现象，对于改善过敏性肌肤也有一定作用。

[材料介绍]

◎梅子

梅子有一定的酸性，可以使肌肤更柔软光滑，而且梅子富含天然果酸，具有良好的润泽性，可以活化肌肤，润泽容颜。超市里卖的西梅或加州梅都可以使用。

◎橄榄油

橄榄油不要选用食用的，可在一些超市化妆品柜台买到美容用橄榄油。它有深层滋养肌肤的效果，是自制面膜的常用材料。

梅子面膜

材 料

西梅8个，橄榄油15毫升。

做 法

1 将西梅放入锅中，加入适量水，小火煮至软烂，取出晾凉。

2 将煮好的西梅放入研磨碗中磨成糊状，加入橄榄油搅匀。

3 将梅子面膜均匀地抹在面部，20分钟后洗净即可。

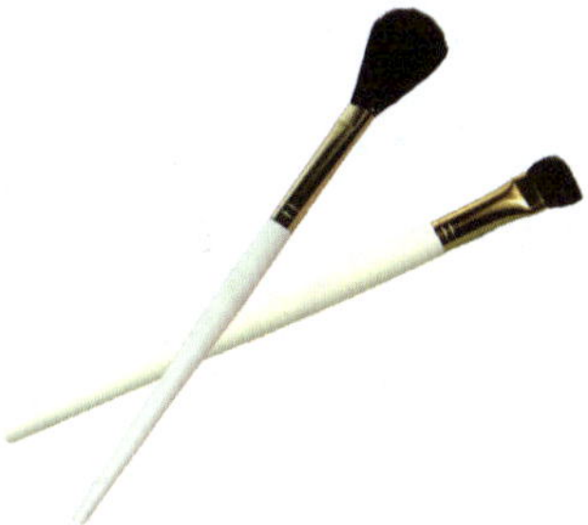

功 效

预防皮肤干燥、脱皮、毛孔粗大、细纹等问题，深层润泽肌肤。

美丽必修课

皮肤干燥分两种情况：一种是单纯性皮肤干燥，这是由于天然油脂缺乏引起的，多见于35岁以上的女性；另一种是复合性皮肤干燥，即油脂和水分都缺乏，表现为出现细纹、褐斑、退色、毛孔粗大、皮肤松弛下垂等，这就需要补油补水并重。

[材料介绍]

◎冬瓜

冬瓜是保湿佳品，本身还富含多种营养，有利于排毒、调节水分代谢、消除面部水肿，还能起到一定的清凉去热的效果。

◎马铃薯

马铃薯营养丰富，植物蛋白和维生素的含量都很高，是滋养肌肤的优质材料。

冬瓜马铃薯面膜

材 料

冬瓜100克，马铃薯50克，牛奶50毫升。

做 法

1 将冬瓜去皮、瓤，切成块；将土豆去皮、切块后和冬瓜一起放入搅拌机打成泥。

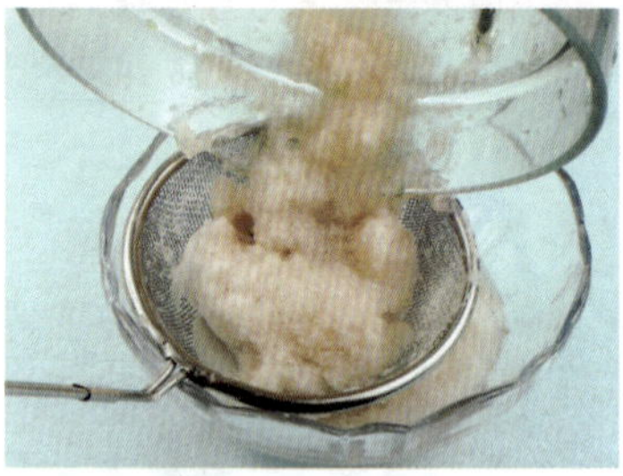

2 将冬瓜、土豆泥倒入碗中，加入牛奶拌匀。

3 将面膜均匀地涂抹在脸部，静置20分钟后洗净即可。

功 效

滋养和修护肌肤细胞，调节水分代谢，令肌肤焕发光采。

美丽必修课

深层滋养肌肤的材料包括两种：一种是以富含蛋白质和天然油脂的材料，如橄榄油、鸡蛋黄、杏仁油、马铃薯等；另一种是富含天然果酸的材料，如水蜜桃、梅子、木瓜、苹果等，对保持肌肤弹性效果更好。

[材料介绍]

◎芦荟
芦荟可以使肌肤湿润、清爽，改善皮肤粗糙现象，减少细纹，使肌肤更加光泽细嫩。

◎甘油
甘油是天然的保湿剂，购买时尽量选用纯净的甘油，少用添加了其他物质的复合产品。

甘油芦荟保湿水

材 料

芦荟100克，甘油10毫升，纯净水100毫升。

做 法

1 将芦荟去皮后放入搅拌机中，倒入纯净水，打成芦荟汁。

2 将芦荟汁倒入碗中，加入甘油搅匀，制成甘油芦荟保湿水，装瓶保存。

3 在肌肤干燥时，喷于脸上，再用手指拍干即可。

功 效

随时保湿，滋润干燥肌肤，预防皱纹及粗糙等现象发生。

美丽必修课

◎芦荟是美容的好材料，除了可以外用，也可以食用。取出的芦荟肉可以炒菜，或打汁饮用，都能起到美容作用。
◎皮肤局部红肿发痒时，挤出几滴芦荟汁，涂抹在患处，即能收到消肿止痒的效果。冰镇后使用效果更好。
◎除了气候原因外，空调房、飞机舱等地方也容易引起肌肤干燥缺水，可以用小喷雾瓶盛放保湿水，随身携带，感觉肌肤干燥时及时保湿。

[材料介绍]

◎燕麦片

燕麦片是良好的自制面膜材料，它富含维生素和蛋白质，能够滋润肌肤，缓解干燥和皲裂现象，还可以起到去角质的作用。

◎酸奶

酸奶也是滋润肌肤的佳品，在这里起调和粉状材料的作用。

酸奶燕麦按摩乳

功效

深层滋养肌肤，预防干燥粗糙。

材料

酸奶100毫升，燕麦片50克。

做法

1 将燕麦片放入研磨机中，磨成燕麦粉。

2 将燕麦粉倒入碗中，加入酸奶搅拌均匀，成糊状即可。

3 将面膜均匀地涂抹在脸部，用手指按摩，20分钟后洗净即可。

美丽必修课

◎对于这道面膜来讲，配合按摩，可以使滋养效果加倍，你也不妨试一试。

◎深层滋养肌肤还要注意其他问题，如保持良好的睡眠质量、饮食营养摄取均衡等。

[材料介绍]

◎丝瓜

丝瓜富含多种氨基酸和维生素，又含有充足的水分，是美容润肤的优质材料。自古以来，人们就有用丝瓜汁来美白肌肤、抗皱祛斑，保湿的效果也是一流的。

丝瓜酸奶面膜

材 料

丝瓜100克，酸奶50毫升。

做 法

1 将丝瓜去皮、切片，放入搅拌机中打成泥。

2 将酸奶倒入碗中，加入丝瓜泥搅拌均匀。

3 将面膜均匀地涂抹在脸上，20分钟后洗净即可。

功 效

补水保湿，美白抗皱，使肌肤细嫩光滑、富有弹性。

美丽必修课

丝瓜除了可以直接磨成泥使用以外，还可以将新鲜丝瓜晒干后磨成粉，保存起来，使用时直接用牛奶、酸奶或蜂蜜调制，滋养效果也非常不错。

苦瓜胡萝卜面膜

材 料

苦瓜100克，胡萝卜50克。

做 法

1 将苦瓜去瓤、切片，将胡萝卜去皮、切成片。

2 将苦瓜片和胡萝卜片放入搅拌机中打成泥，倒入容器中。

3 将面膜均匀地涂抹在脸上，20分钟后洗净即可。

功 效

改善过敏性皮肤、油性皮肤。

[材料介绍]

◎苦瓜

苦瓜有凉血祛火的功效，丰富的维生素也给肌肤提供了必需的营养。

◎胡萝卜

胡萝卜营养丰富，有利于肌肤的滋养和清洁，去角质效果也不错。

Chapter 5

除皱面膜

[材料介绍]

◎香蕉

香蕉含有丰富的水分、维生素和果胶，能给肌肤提供有效的深层滋养，预防皱纹产生。此外，香蕉还有极强的消炎止痒的作用。

◎橄榄油

橄榄油含有不饱和脂肪酸和丰富的维生素E，可以抗老防衰，养颜润肤，常用于护肤或润发。

香蕉抗皱面膜

材 料

香蕉100克，橄榄油15毫升。

做 法

1 将香蕉去皮、切块。

2 将香蕉块放入研磨碗中，磨成泥，加入橄榄油搅匀即可。

3 将面膜均匀地涂抹在脸上，20分钟后洗净即可。

功 效

防止肌肤干裂，预防皱纹产生，消炎止痒。

美丽必修课

香蕉皮捣成泥也有特效。每次用热水擦洗手足后，直接用香蕉皮泥涂抹，可以预防手足的皮肤皲裂，即使已有裂口，使用多次，也可治愈。常用香蕉皮泥擦脸搓手，可防止皮肤老化、脱皮、瘙痒、皲裂。脸部为干性皮肤的人，可用香蕉皮内侧贴在脸上10分钟，再用清水洗净，是最天然的脸部除皱面膜。

芦荟蜂蜜面膜

材料

芦荟100克，蜂蜜20毫升。

做法

1 将芦荟去皮后放入搅拌机中打成糊状，倒入碗中。

2 加入蜂蜜搅拌均匀。

3 将面膜均匀地涂抹在脸上，20分钟后洗净即可。

功效

防皱抗皱，滋润保湿。

[材料介绍]

◎芦荟

芦荟含有丰富的脂肪酸、维生素E、蛋白质、芦荟素、黏多糖等成分，水分也很多，具有高度保湿、改善肌肤粗糙干燥的作用。

◎蜂蜜

蜂蜜有良好的延展性，也是滋润肌肤、抗皱防皱的佳品。同时，它可以保护肌肤，避免因芦荟等材料使用不当而引起光敏现象。

[材料介绍]

◎鸡蛋黄

鸡蛋黄是润泽和紧实肌肤的好材料，它可以防止肌肤干燥脱皮，使肌肤更柔嫩光滑，改善肌肤松弛和浮肿现象，特别适合干性皮肤者使用。

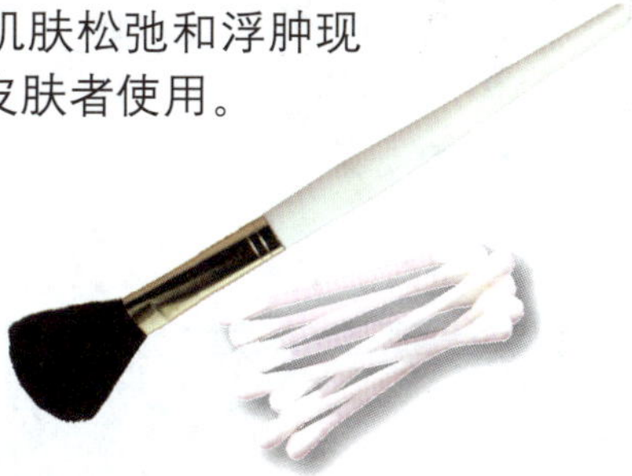

蜂蜜蛋黄面膜

材 料

蜂蜜30毫升，鸡蛋黄1个，面粉20克。

做 法

1 将蜂蜜、鸡蛋黄、面粉一起放入碗中搅拌成稠膏状即可。

2 将面膜均匀地涂抹在脸上，20分钟后洗净即可。

功 效

营养润泽肌肤，防干燥，除皱纹。

[材料介绍]

◎香蕉

香蕉有润肤抗皱的作用，是养护肌肤、延缓衰老的美容材料。

◎燕麦

燕麦片含有丰富的维生素和蛋白质，对于肌肤有良好的滋养与调理作用，能够滋润肌肤，缓解干燥与皲裂现象。

香蕉燕麦除皱面膜

材料

香蕉100克，燕麦30克。

做法

1 将燕麦研磨成粉后用水调成糊。

2 将香蕉去皮、捣烂成泥，加入燕麦糊搅匀。

3 将面膜涂敷在脸上，20分钟后洗净即可。

功效

润肤抗皱，缓解干燥与皲裂现象。

杏仁鸡蛋面膜

材 料

杏仁20克，鸡蛋1个。

做 法

1 将杏仁研磨成粉。

2 将杏仁粉放入碗中，倒入1个鸡蛋，充分搅匀成稠糊状即可。

3 将面膜均匀地涂敷在脸上，20分钟后洗净即可。

功 效

防皱抗皱，滋润保湿。

[材料介绍]

◎鸡蛋

鸡蛋黄有清除污垢、收敛毛孔、紧致美白的作用，而鸡蛋清可以深度营养滋润，去除皱纹。

◎杏仁

杏仁含有丰富的天然油脂、维生素，有抗衰老的作用，使皮肤更滋润，自古就是美容保养的圣品。

[材料介绍]

◎核桃粉

核桃中富含天然的植物油和维生素E，可以抗衰老，预防和抚平皱纹，是美容的好材料。核桃粉食用效果也很好，常用可以延缓衰老。

核桃抗皱面膜

材料

核桃粉30克，牛奶50毫升，蜂蜜1大匙。

做法

1 将牛奶倒入碗中，加入蜂蜜搅匀。

2 再加入核桃粉，拌成膏状即可。

3 将面膜均匀地涂敷在脸上，20分钟后洗净即可。

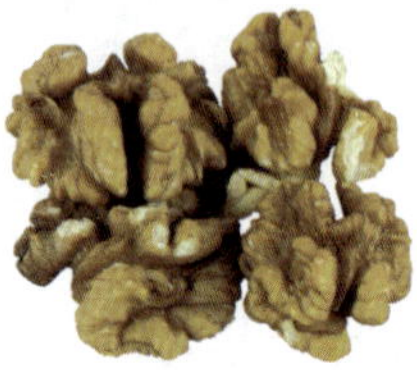

功效

延缓衰老，润泽肌肤，去除皱纹。

美丽必修课

洗脸动作力量过大也是造成皱纹产生的一大原因。过度用力搓洗脸部会拉扯肌肤，使皱纹更容易产生。此外，洗脸次数过多、水温太高，都会造成脸部的油脂流失而引起肌肤干燥，细纹和皱纹也就由此产生了。

藕粉面膜

材料

藕粉30克，鸡蛋清30克。

做法

1 将藕粉和鸡蛋清搅拌成糊。

2 将面膜均匀地涂敷在脸上，20分钟后洗净即可。

功效

紧致肌肤，改善粗燥、松弛、皱纹等现象。

[材料介绍]

◎藕粉

藕粉含有丰富的蛋白质、维生素，有滋润肌肤、防皱抗皱的作用。藕粉可以在超市里买到，也可以用鲜藕来制作面膜。

[材料介绍]

◎牛奶

牛奶不仅有美白的功效，滋养肌肤的效果也很好。牛奶应选用全脂牛奶，其中的脂肪和乳蛋白都是抗皱纹的重要成分。

◎橄榄油

古希腊时代，人们已视橄榄油为良好的天然美容材料，并应用于护肤和润发上。现在仍有很多护肤品以橄榄油为主要成分，滋润防皱功效一流。

牛奶橄榄油面膜

材料

牛奶100毫升，橄榄油10毫升，面膜纸1张。

做法

1 将牛奶倒入碗中，加入橄榄油，充分搅打。

2 投入面膜纸浸泡。

3 将面膜纸贴敷于面部，静置20分钟后取下。

功效

营养润泽肌肤，抗皱防衰。

[材料介绍]

◎猪蹄

猪蹄营养丰富，除提供热量外，还含有丰富的钙、镁、磷、铁和多种维生素，对人体皮肤具有良好的保护作用。更为重要的是猪蹄中含有大量的胶原蛋白质，是构建皮肤细胞的主要原料，它能够使人的皮肤丰满、润泽、白嫩，使皱纹减少或消失，使人显得年轻精神。猪蹄以前蹄脂、胶原蛋白较多，润滑作用大。

猪蹄面膜

功 效

润泽美白肌肤，保持肌肤弹性，预防和消除皱纹。

材 料

猪蹄1只。

做 法

1 将猪蹄洗净，用清水炖煮至肉烂、汤稠。

2 用化妆棉蘸汤汁涂抹脸部，30分钟后用温水洗净。

3 也可将汤汁放入冰箱制成猪蹄冻，用时取出熔化即可。

美丽必修课

猪蹄食用也可以达到良好的美容效果，比较好的做法是炖煮或煲汤。如黄豆炖猪蹄、海带炖猪蹄、薏米猪蹄煲、枸杞红枣猪蹄煲等，常吃这些汤煲，对美化肌肤十分有益。

猪皮面膜

材料

猪皮100克，黄油20克。

做法

1 将猪皮洗净，用清水炖煮20分钟，取出，剁成碎粒。

2 将猪皮碎粒放入锅中，加适量原汤，续煮至稠糊状，晾温后加入黄油搅匀即可。

3 将面膜均匀地涂在脸上，30分钟后洗净即可。

功效

营养肌肤，补充油脂，预防皱纹产生，平复已经出现的细纹。

[材料介绍]

◎猪皮、黄油

猪皮富含胶原蛋白，是公认的美容佳品。猪皮中的动物胶质不仅能滋益身体，而且更有呵护肌肤、润滑容颜的作用。黄油即牛油，脂肪含量高，营养滋润性很强，也是美容佳品。

Chapter 6

保养眼膜

[材料介绍]

◎黄瓜

黄瓜补水滋润，清凉镇静，对于抚平眼部细纹、消除黑眼圈都有一定的效果。

◎丝瓜

丝瓜有美白柔嫩肌肤的功效，性质温和，特别适合保养娇嫩的眼部肌肤。

◎鸡蛋清

鸡蛋清可以紧致肌肤，收敛毛孔，维持肌肤弹性，消除细小的皱纹。

◎白醋

白醋有软化肌肤的功效，也是美白祛斑的好材料。

黄瓜丝瓜眼膜

材 料

黄瓜50克，丝瓜50克，鸡蛋清30克，白醋1大匙。

做 法

1 将黄瓜洗净、切片；丝瓜去皮、切片；两者都放入搅拌机中打成瓜泥。

2 将鸡蛋清、白醋倒入碗中，放入瓜泥，搅拌均匀即成眼膜。

3 将瓜泥眼膜涂抹在眼部周围，静置20分钟后洗净。

功 效

眼部滋养、祛皱。

[材料介绍]

◎马铃薯

马铃薯富含淀粉和维生素，能给肌肤提供必需的营养，而且马铃薯具有良好的润泽性，温和不刺激，还可以有效去除眼部水肿。

马铃薯眼膜

功 效

消黑眼圈、祛水肿。

材 料

马铃薯50克，鸡蛋清30克。

做 法

1 将马铃薯去皮、切块，用擦泥器制成泥。

2 将马铃薯泥和鸡蛋清拌匀。

3 将眼膜涂在眼部周围，休息30分钟后洗净即可。

美丽必修课

眼部肌肤非常娇嫩，保养不当容易出现细纹、眼袋、黑眼圈、水肿等问题，让人看上去没有精神，显得衰老疲惫，所以眼部的保养是面部保养中的一个重点，需要特别注意。

[材料介绍]

◎银耳

银耳富含天然植物性胶质，滋润而不油腻，有润肤、净白、祛斑、抗皱的作用。长期食用银耳，也可以达到良好的美容润肤、抗老防衰的效果。

银耳祛皱眼膜

材 料

干银耳10克。

功 效

增强眼部肌肤弹性、净白、祛皱。

做 法

1 将银耳用水泡发。

2 将泡发的银耳放入锅中，加适量水，熬煮至浓稠后晾凉。

3 将汁液涂在眼部四周，静置20分钟后即可洗净。

美丽必修课

眼部的保养要注意以下几个方面。

◎睡眠充足，不熬夜：身体的疲惫会第一个反应在眼睛上，熬夜、失眠都会给眼部肌肤造成伤害；相反，充足的睡眠可改善许多眼部问题。

◎特别护理很重要：眼霜、眼胶、眼膜等肌肤保养品可以提高眼周肌肤的弹性，紧致柔嫩肌肤，是护理眼部的好帮手。

◎按摩与转眼球：将双手涂上按摩油，用指腹拍打、点按眼部四周肌肤，可以活化眼周血液循环，消除眼袋、黑眼圈及水肿现象。转眼球可以放松眼部肌肤，舒缓眼部压力。

[材料介绍]

◎维生素E

维生素E可以延缓衰老，防止肌肤出现皱纹，特别适合用于护理眼部肌肤。

◎珍珠粉

珍珠粉能使肌肤更加嫩白洁净，经常使用，能令眼部肌肤焕发光彩，明亮动人。

维生素E珍珠粉眼膜

材 料

维生素E胶囊1颗，珍珠粉10克。

做 法

1 用干净的针将维生素E胶囊的尖端扎破，挤出维生素E油。

2 将维生素E油和珍珠粉搅拌均匀。

3 把调好的眼膜涂抹在眼部四周，静置20分钟后即可洗净。

功 效

美白、抗皱，消除眼部细纹。

美丽必修课

维生素 E 有两种：一种是内服的，常服能抗老化、延缓衰老；另一种是外用美容精华素，也就是我们这里用的棒槌状胶囊，可用于美容、护肤、润发，呈粉色的是添加了杏仁成分，绿色的是添加了芦荟成分，黄色的是添加了蜂王浆成分，可根据个人需要予以选择。

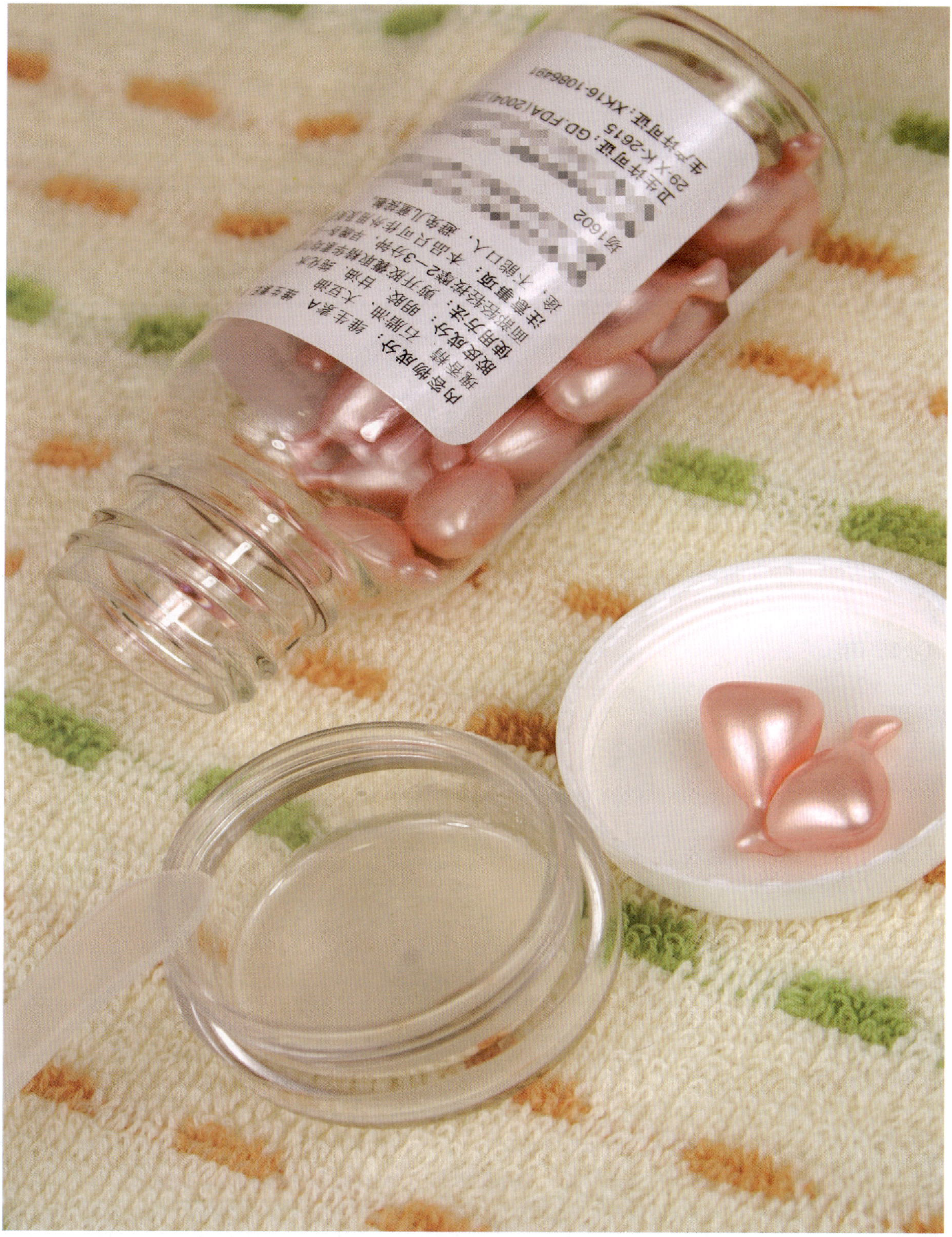

[材料介绍]

◎薰衣草

薰衣草有舒缓镇静、放松身心、缓解压力的作用，用于眼部护理，可以消除眼周肌肉的紧张，调节眼压，给细胞补水，缓解眼部的疲劳，它独特的芳香有助于放松心情、改善睡眠质量，内饮外敷效果都不错。

薰衣草舒缓液

材料

薰衣草10克。

做法

1 将薰衣草放入锅中，加适量水煮5分钟。

2 晾凉后过滤，将薰衣草水装入喷水瓶中。

3 每次洗脸后，喷在眼部周围，至全部吸收。

功效

消除眼部疲劳。

洋甘菊
护眼水

材 料
洋甘菊10克。

做 法
1 将洋甘菊放入杯中，冲入适量开水浸泡，晾凉后备用。

2 用化妆棉蘸取洋甘菊水，涂抹于眼部周围，让其充分吸收。

功 效
缓解眼肌紧张、抗疲劳。

[材料介绍]

◎洋甘菊

洋甘菊也有安神助眠的神奇作用，是缓解眼部疲劳、肌肉紧张的好材料。洋甘菊可以在茶叶市场或超市里的花草茶专柜买到。

维生素C眼膜

材料

橙子半个，维生素C泡腾片1片。

做法

1 将橙子榨出汁，倒入杯中，加适量水。

2 放入维生素C泡腾片，待其全部溶解。

3 用化妆棉蘸汁涂抹于眼部周围，让其充分吸收。

功效

美白、抗衰老。

[材料介绍]

◎橙子

橙子是富含维生素C的水果，而维生素C是维持肌肤弹性、美白肌肤的有效物质。

◎维生素C

维生素C泡腾片直接放入水中溶化，就是一杯维生素C水，抗氧化和护肤效果都很好。

Chapter 7

改善气色面膜

牛奶红糖面膜

材料

牛奶50毫升，红糖20克。

做法

1 将红糖用热牛奶充分溶解。

2 将面膜抹在脸上，20分钟后洗净即可。

3 或将面膜纸放入面膜液中，吸涨后敷于脸上，20分钟后取下洗净即可。

功效

滋养、美肤。

[材料介绍]

◎红糖

红糖的营养价值非常高，对于改善血液循环、活化肌肤有良好的作用，经常使用，可以令肌肤红润光泽，充满活力。

[材料介绍]

◎红豆

红豆有消除水肿、改善肌肤水分代谢的作用。此外，红豆含有丰富的植物蛋白和多种维生素，对肌肤有很好的滋养作用，可以消除面部水肿现象，改善面色苍白、没有光泽等肌肤问题。

红豆润色面膜

材料

红豆50克，红糖10克，蜂蜜2大匙。

做法

1 将红豆放入锅中，加适量水，煮至豆烂。

2 用研磨器将红豆磨成泥，加入蜂蜜、红糖搅匀即可。

3 将面膜抹在脸上，20分钟后洗净即可。

功效

红润面色，滋养肌肤。

[材料介绍]

◎生姜

生姜具有使旧伤痕复原的能力，能有效地抚平疤痕，促进皮肤再生。生姜磨成泥作面膜，能够促进血液循环，使脸色红润。

生姜美容液

功效

促进血液循环、皮肤再生，红润面色，去除斑点及疤痕。

材料

生姜50克。

做法

1 将生姜洗净、切片，放入搅拌机，加适量水打烂成姜汁。

2 用滤网滤掉渣子，把姜汁倒入碗中。

3 用化妆棉蘸取姜汁涂于脸部，20分钟后洗净即可。

美丽必修课

把生姜泥放入浴缸中泡澡，可起到活血化淤、温暖身体的作用，尤其适合寒性体质者，对改善手脚冰冷症状很有好处。此外，生姜泡澡还可以分解多余脂肪，达到美容瘦身的目的。

[材料介绍]

◎薏米

薏米有美白肌肤、抗氧化的作用，能提亮肤色，改善粗糙与暗沉的肤质。

◎玉米粉

玉米粉中含有丰富的脂肪酸、植物蛋白质和维生素E，营养非常丰富，是肌肤天然的营养品。

薏米玉米面膜

材料

薏米30克，玉米粉30克，甘油10毫升。

做法

1 将薏米研磨成粉。

2 将薏米粉和玉米粉放入碗中，加入甘油和适量水，搅匀。

3 将面膜抹在脸上，可用指肚按摩，20分钟后洗净即可。

功效

除污祛痘、淡化色斑、透明肌肤。

美丽必修课

气色不佳多数是由于身体内部的问题引起的，除了用面膜从外部保养外，饮食调理内脏机能显得更为重要。可以说面膜是“表”，饮食是“里”，表里和谐，有健康才有美丽！

[材料介绍]

◎桃花

桃花有美肤润色的作用，令肌肤白里透红，如桃花般绽放。桃花可在中药店买到。

◎玫瑰花

玫瑰花可调节血液循环，有活血化淤的效果，不论是饮用还是外敷，都有美颜的作用。

◎茉莉花

茉莉花有放松身心、缓解疲劳的作用，淡雅的香气令人心情愉快。

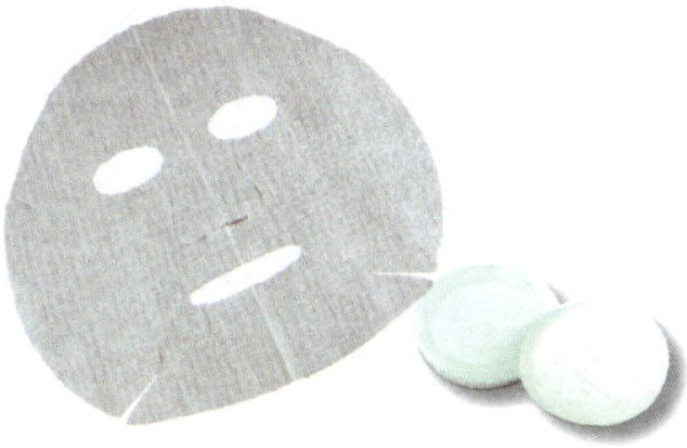

三花红润面膜

功 效

活血、养颜、增色。

材 料

干玫瑰花5克，干茉莉花5克，干桃花5克，面膜纸1张。

做 法

1 将玫瑰花、茉莉花、桃花放入容器，冲入开水浸泡。

2 晾凉后放入面膜纸。

3 将面膜纸敷于脸上，20分钟后取下，洗净即可。

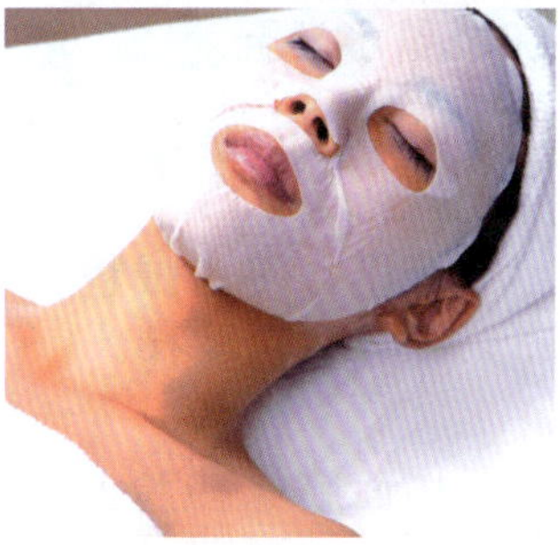

美丽必修课

许多花卉都具有很好的美容作用，不仅可以食用，也是天然的肌肤保养品。花卉独特、优雅的芳香带给人一种轻松浪漫的感受，更会令你的肌肤如花朵般美丽。

[材料介绍]

◎桃仁

桃仁的主要作用是活血化淤，可有效改善血流阻滞、血行障碍等问题。桃仁可在中药店买到。

◎米汁

米汁就是大米熬煮的汁液，它富含大米的营养，是给肌肤补充养分的好材料。

桃仁米汁面膜

材料

桃仁20克，大米100克。

做法

1 将大米放入锅中，加适量水煮至汁浓，取汁备用。

2 将桃仁研磨成粉，加入米汁搅匀成糊。

3 将面膜抹在脸上，20分钟后洗净即可。

功效

通畅血气，润泽肌肤。

珍珠菊花面膜

材料

珍珠粉10克，白菊花10克，鸡蛋清30克。

做法

1 将白菊花用开水浸泡20分钟，取其水晾凉备用。

2 将珍珠粉、鸡蛋清和菊花水搅匀成糊。

3 将面膜涂在脸上，20分钟后洗净即可。

功效

清火祛痘，除皱美白，细嫩肌肤。

[材料介绍]

◎白菊花

菊花有清热解毒、杀菌消炎的作用，配合美白肌肤的珍珠粉和清洁祛皱的鸡蛋清，可以全面改善肌肤质量，带给你好气色。

[材料介绍]

◎白芷

白芷最重要的功效是美白活血，是一味具有美容作用的中药材。

白芷面膜

功 效

活血、美颜、润肤。

材 料

白芷20克，黄瓜50克，蜂蜜1大匙，鸡蛋黄1个。

做 法

1 将黄瓜擦成泥，白芷研成粉。

2 将黄瓜泥、白芷粉、鸡蛋黄和蜂蜜搅拌成糊。

3 将面膜涂抹在脸上，20分钟后洗净即可。

美丽必修课

每个人的肤色深浅不同，并非越白越好，关键在于气色的好坏，它反映出一个人的气血状况。血色充盈的人不论肤色是白、黑，还是黄，肌肤都会润泽光滑，富有弹性并有通透感，这才是我们所追求的健康的肌肤。